考工记

山 东 古 代 科 技 展

山东博物馆 编著

文物出版社

图书在版编目（ＣＩＰ）数据

考工记：山东古代科技展 / 山东博物馆编著 . --

北京：文物出版社, 2021.5

　　ISBN 978-7-5010-6592-9

　　Ⅰ . ①考… Ⅱ . ①山… Ⅲ . ①自然科学史—山东—古

代 Ⅳ . ① N092

　　中国版本图书馆 CIP 数据核字 (2021) 第 083803 号

考工记 ： 山东古代科技展

编　　著：山东博物馆

责任编辑：崔叶舟
责任印制：张　丽
出版发行：文物出版社
社　　址：北京市东城区东直门内北小街 2 号楼
邮　　编：100007
网　　址：http://www.wenwu.com
经　　销：新华书店
印　　刷：北京雅昌艺术印刷有限公司
开　　本：965 毫米 ×635 毫米　1/8
印　　张：26
版　　次：2021 年 5 月第 1 版
印　　次：2021 年 5 月第 1 次印刷
书　　号：ISBN 978-7-5010-6592-9
定　　价：356.00 元

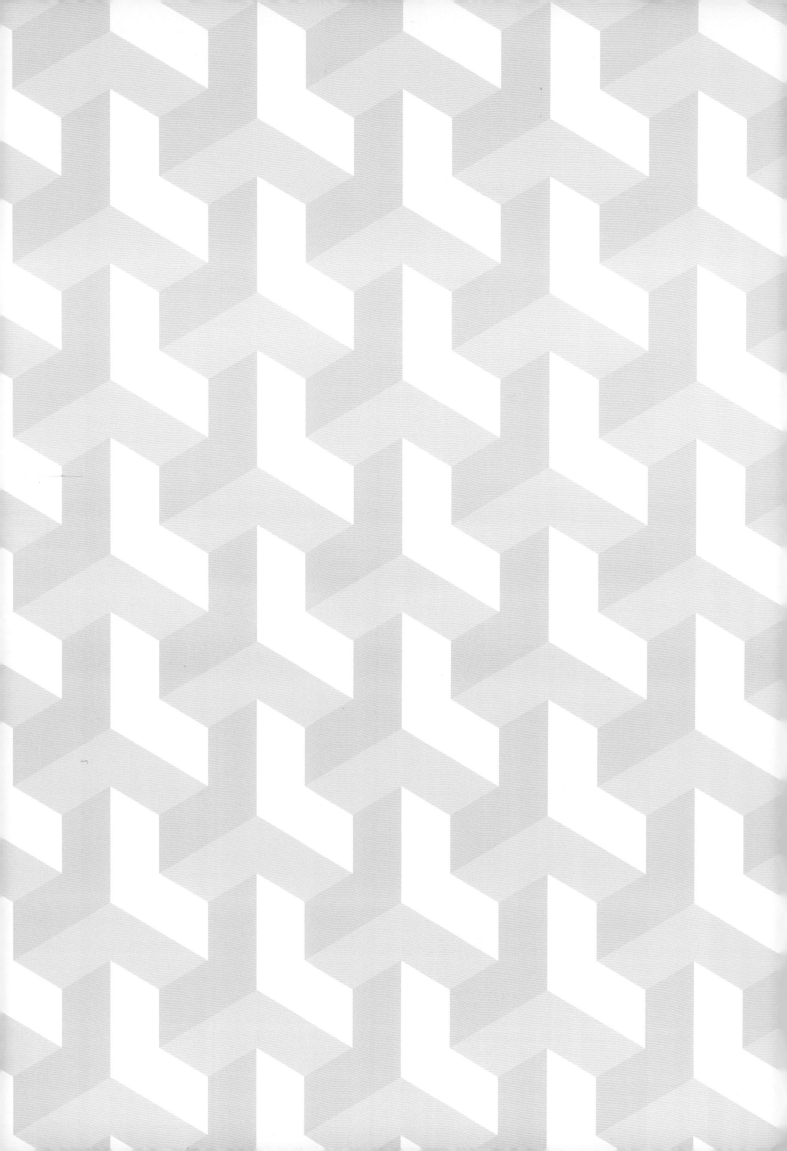

目录

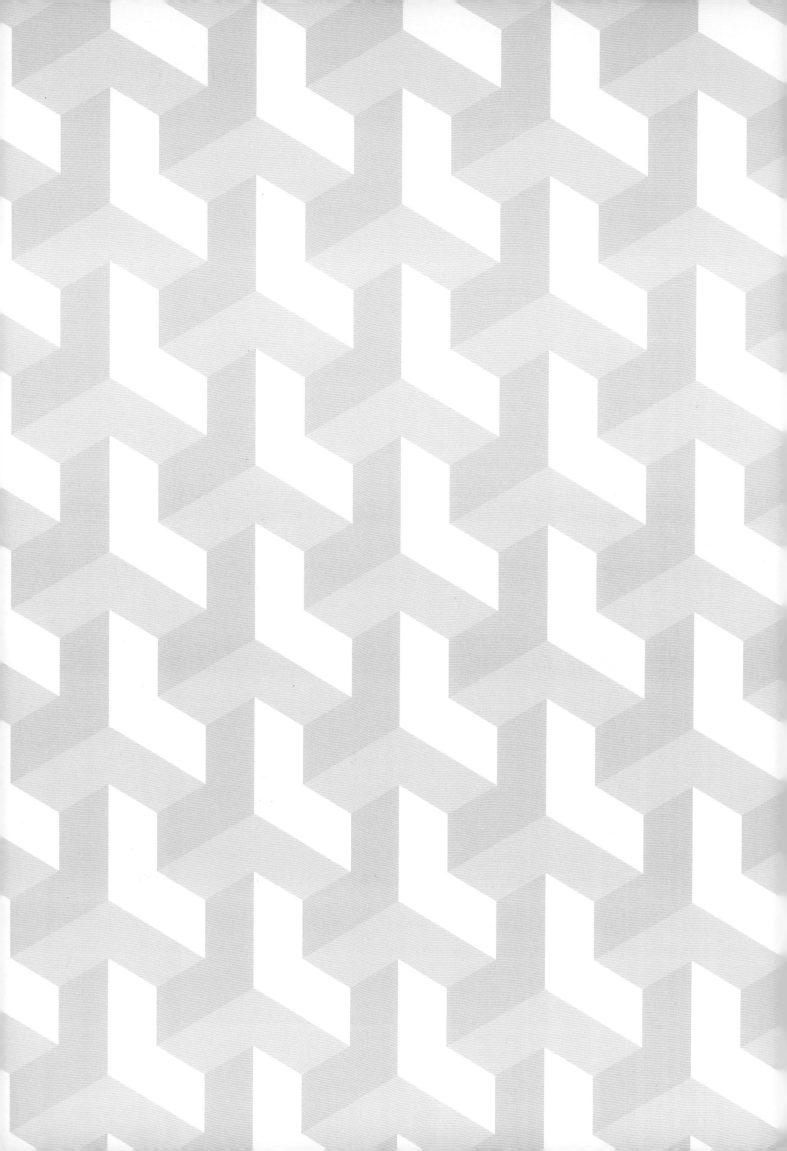

山东古代科学技术

傅海伦

山东古代科学技术是中国古代科学技术的重要组成部分，内容可谓博大精深。中国科学技术以传统的农、医、天、算最为突出，而山东古代科学家在这四大门类学科中都有重要贡献。

一、山东古代农学

农学是构成我国科学技术的基础学科。山东是中国古代农业重要发源地之一，山东的原始农业生产活动可以追溯到7000多年前的新石器时代，北辛文化孕育了东方最早的农耕文明，农耕、蚕桑成为农业经济的基础。山东具有重视农业、发展经济的有利条件，是古代中国经济发达的地区之一。龙山文化时期，山东的农业和畜牧业生产有了长足的进步。春秋战国时期是农业大发展的重要时期，铁器开始应用于农业生产，特别是铁农具和牛耕的发明、水利设施的大力兴修，成为农业进步的主要标志。当时的齐国采取了一系列有利于农业发展和保护农业的政策，农作物产量大大提高，成为国富民强的重要标志。鲁人地处内陆，宜于农桑，有重农思想的传统，积淀成了以农为本的心理特征和思维方式。

秦汉时期，山东人民创制和改进了生产农具。牛耕在山东地区基本普及，垄作和条播、撒播技术得到应用，耕耨相结合的耕作体系和抗旱保墒配套技术得到发展，轮作套种制度和先进的育种选种技术等开始得到尝试，这一时期的农业进入一个新的发展阶段。农学专门研究著作开始出现，代表性的就是西汉时期著名的农业科学家氾胜之，撰写《氾胜之书》。该书共18卷，书中对耕作的基本原则、选择播种日期、种子处理、农作物栽培技术、收获、留种贮藏、区田法等均有记述，提出了耕作的总原理和具体的耕作新技术，反映出了当时所能达到的农业最高成就，为西汉以及后来农业发展做出了重要贡献，奠定了中国古代农业关于作物栽培等各类论述的基础。

魏晋南北朝时期，由于民族矛盾的上升，战争的破坏，使经济的发展显得尤为艰难。特别是汉末和西晋末年的两次全国性大动乱，对经济的发展产生了严重的破坏性影响。山东地区同样由于长期处于战乱状态，土地荒芜，人口减少，农业遭到严重破坏，但农业生产技术和农学研究方面还是取得了很多进步与发展。这集中体现在北魏杰出的山东农学家贾思勰（山东益都县，今寿光市人），写成了传统农业的百科全书《齐民要术》。全书共10卷，系统地总结了自西汉末年至北魏时期500多年间黄河中下游地区农业生产技术的成就，是中国现存最早的一部农业科学著作。

隋唐宋元时期山东的农业科学技术不断发展。隋唐政府积极推行"均田制"和"租庸制"等有利于农业生产的措施，使社会经济出现了一个相对繁荣的时期。隋初，山东各州县遍置粮仓，户口占全国总户数的21%。特别是唐前期的贞观年间至开元年间(627～741年)的100多年中，由于社会比较安定，再加上政府在政治、经济等方面推行一系列措施，把农业生产推向了空前兴盛的阶段，堪称封建社会的盛世，山东曾一度成为全国主要的粮食产区之一。唐代开元天宝年间(713～756年)，每年要将山东几百万石粟米漕运至关中。到了元代，山东东平的农学家、农业机械学家王祯所著《王祯农书》，分《农桑通诀》《百谷谱》《农器图谱》三大部分，约11万字，在我国古代农学遗产中占有举足轻重的地位。这部著作不仅综合了黄河流域旱地农业和江南水田农业两方面的实践经验，而且兼论南北农业技术，对土地利用方式和农田水利叙述颇详，这是先前的农学著作无法匹敌的。因此，该书被认为是我国第一部对全国范围的农作系统研究的农学巨著，是一本兼具科学研究价值和应用价值的农学典籍。书中全面记述了 80 多种谷物、蔬菜、果树和药材的起源、品种及栽培方法，详细记述了 257 种农业生产工具，展示了我国古代农业生产器具方面的卓越成就。王祯不仅是一位著名的农业科学家，也是一位杰出的机械制造家和发明家。《农书》中有许多他设计、制作和改进的农具和农产品加工机械，也有他独立创造的水利灌溉器具。

明清时期，山东的农村经济在商品生产的影响下，新传入的玉米、甘薯等粮食作物品种逐渐推广，棉花、花生、烟草、蚕桑等经济作物种植比重逐渐扩大。明代涌现出一批著名的农学家及农学专著。其中属山东籍的是王象晋（新城，今桓台人），其著有《群芳谱》，开栽培作物特征研究的先河，并且集中代表了该时期山东人工植树造林、栽培果树的技术水平。明代还选育了很多优良地方品种，而且在选种方法和选种等理论上也有建树。

山东古代农学家名士辈出。在我国古代的四大著名农书中，其中有三部都是出自山东人之手，可见山东农学和农业技术之发达。

二、山东古代医学

山东的中医药学和中医技术，十分发达，医学名家辈出。距今 7000 多年的北辛文化时期，山东人开始用骨针治病。《帝王世纪》有东夷人首领伏羲氏制作九针的记载，可见山东可能是针刺疗法的主要发源地。山东中医基础理论产生于春秋战国时期，春秋时期已有关于麻风、疟疾等病的记载，商代山东开始尝试用草药治疗疾病的方法。战国时期，山东开始有医书问世，由经验医学上升为理论。齐人扁鹊是其中最杰出的代表人物，著有《扁鹊内经》《扁鹊外经》，成为中国史载最早的医学典籍。扁鹊首导脉学，反对用巫术治病，创"望、闻、问、切"四诊法，成为中医的传统诊断方法，他曾采药炼丹于鹊山，并创造了针灸、汤药、蒸熨刀以及按摩等治疗工具和方法，相传他也是中医解剖学的创始人，为中医留下了宝贵的实践经验

和医学理论，被称为"治疾之圣"。

秦代，山东名药阿胶问世，传统中药剂型大多形成。汉魏时期，脉学理论进一步发展。西汉初年临淄（今淄博）人公乘阳庆家藏医书 9 种，他精医术，善诊脉，著有《黄帝扁鹊脉书》，开创了中国医学脉案之先河。同里人其弟子临淄人淳于意（仓公）辨证审脉，治病多验，详记诊治细情，《史记》记载了他的 25 例医案，称为诊籍，是中国现存最早的病史记录。

魏晋南北朝时期，山东中医理论进一步得到完善和发展。西晋高平（今金乡东北，邹县西南）人王叔和，经过几十年的精心研究，在吸收扁鹊、华佗、张仲景等古代著名医学家的脉诊理论学说的基础上，结合自己长期的临床实践经验，终于写成《脉经》，这是现存最早的脉学专著，共 10 卷 98 篇，将脉的生理、病理变化类例为脉象 24 种，使中医脉学理论系统化、专门化。《脉经》是中国现存最早的脉学专著，不仅大大发展了传统的脉学理论，而且有力地推进了中医临床诊断学的早期发展，使脉学正式成为中医诊断疾病的一门科学。对后世医学影响较大。除以上有关脉学和整理《伤寒杂病论》之外，王叔和在养生方面还有一些精辟的论述。

唐代，山东医家突出贡献在于编订药典。曹州离狐（今东明县）人李勣总监，清平（今临清市）人吕才、曲阜人孔志约等，纂成第一部官修药典《新修本草》（659 年颁行），此药典也是世界上最早的药典。宋元时期，山东中医妇科、小儿科、针灸、养颐学以及《伤寒论》方面的研究兴盛起来。宋代山东医家林立，名冠京都。医家各有擅长，临床分科渐为明确。北宋郓城（今东平县）人钱乙对儿科贡献卓著，著有《婴孺论》《小儿药证真诀》等书，是中医儿科奠基人之一，也是著名古代药理学家，创制方剂 114 种，其中六味地黄丸、异功散等沿用至今。董汲著有《小

儿痘疹备急方论》，为中国首部小儿急性斑疹热专著。钱乙与董汲，以同乡并称儿科一代宗师。

金元时期，聊摄（今茌平县）人成无己，著《伤寒论注》，开注释《伤寒杂病论》之先例，并对张仲景的辨证与方义有所阐发，对中医内科理论有所发展，后经历代医家发展，逐渐形成一个专门学科。这些成就为宋元时期中国光辉灿烂的科学技术发展史增添了光彩。这一时期，针灸与养颐学亦有明显发展。金朝，宁海州（今牟平）人马丹阳，撰成《针灸大成》，发明天星十二穴，以上下肢十二穴位治疗周身疾病，针疗周身之病，为历代针灸学家重视，沿用至今。

明清时期，中医传统医学进入鼎盛时期。山东医家在总结前人经验，搜集、整理、鉴别、订定的基础上，著书立说，形成热潮。明代益都人翟良著述最多，著有《脉诀汇编》《经络汇编》2 册，《脉络汇编说统》《痘疹类编释意》3 卷，《医学启蒙》6 卷。他的学术思想可以概括为"倡平求因，以脉为统，注重普及"三个方面，其中"倡平求因"是他的主要学术成就。翟良对诊断颇有研究，主张"四诊合参"，以脉为统，强调切诊，既全面继承了中医传统的诊断方法，又突出了中医独特诊法——脉诊的特殊作用。翟良还是山东提倡医学普及的名家之一。清代，在继承以前的中医学基础上，在医学理论和临床研究方面又有所开拓。清代山东医家一方面多倾心于小儿痘疹研究，先后有宁阳张琰等 6 家痘疹类医书 6 种 26 卷问世，成为强势；另一方面，内科、外科、妇科、骨科、针灸各科名医峰立。乐安（今广饶）人宋桂著有《妇科真传》；宁阳人纪开泰擅内科，著有《医学箕裘集》24 卷。因此这时期出现了既有医术专攻又精通多方面医学理论的医学家。清代昌邑人黄元御，诸城臧应詹，均精于《伤寒论》研究，有"南臧北黄"之称。他著有《金匮悬解》《四圣悬枢》《四圣心源》《长沙药解》《伤寒说意》《素灵微蕴》《伤寒悬解》《玉揪药解》等。于溥泽著有《伤寒指南》等，罗止园著有《止园医话》《麻疹须知》《恫瘝集》等，刘奎著有《瘟疫论类编》等，宋桂的著作除了《妇科真传》外，还有《痘疹集要》《疯症集要》等，胡永平著有《妇科胎产心法》等，朱纲著有《检尸考要》。至晚清，省内著名医家 70 余人，新著多达 50 余种，是中医传统医学的鼎盛时期。

三、山东古代天文学

山东古代天文学走着相对独立的发展道路，从甘德对早期天文学的奠基，到刘洪对古代历法体系的构建，再到何承天对天文历法的重要贡献，山东古代天文学在漫长的历史发展中形成了自己的特色和优势。

山东的天文学渊源从陵阳河、大汶口出土的 4500 百年前的陶文上可推知一二。2500 年前山东就有了日全食的记录，儒家经典中有大量古代天文学的记载。《春秋繁露》记载，舜"长于天文"。可能是舜进一步完善了东夷人的原始天文历法。春秋战国时期，天文学已从定性的描述，向着定量化的目标前进。战国时期，山东出现了专门研究天文的著作，齐人甘德成为山东早期著名的天文学家，在天文观测、天象记录、宇宙认识等方面有许多创造，他所著的《星经》与魏人石申的《天文》合编成《甘石星经》，对中国独立发展的古代天文学做出了重要贡献。鲁国人观测到 37 次日食，其中有 33 次已证明是可靠的，并测定了冬至、夏至的日期。公元前 613 年观测到的一颗彗星扫过北斗，这被视为世界上关于哈雷彗星最早的记录。

西汉齐人公孙卿等于公元前 104 年遵汉武帝命造汉历，选定邓平的方案，定名为太初历，合理地调整了季节和月份的关系，成为后世历法的范例。东汉蒙阴人刘洪是中国古代一位杰出的天文学家和数学家。刘洪所著的《乾象历》是中国古代天文历法的杰作，《乾象历》以它的众多创造使传统历法面貌一新，对后世历法产生了巨大的影响，在中国古代历法史上写下了光辉的篇章。刘洪也以取得划时代成就的天文学家而名垂青史。公元 223 年，即东汉灵帝光和年间，刘洪创制的《乾象历》开始颁行，一直沿用 58 年，是一部划时代的历法。刘洪所发明的一系列方法成为后世历法的经典方法，他的《乾象历》使传统历法的基本内容和模式更加完备，它作为我国古代历法体系最终形成的里程碑而被载入史册。

南朝宋时东海郯（今郯城西南）人何承天撰成《元嘉历》，较过去古历更加精密。公元445年，何承天继其舅父徐广《七曜历》之后所创制的《元嘉历》颁行，历时65年。他首创颇多，主要有定朔编历、调日法、考订冬至日太阳赤道位置、纠正春秋分日影长短的错误、计算岁差值百年一度、改上元积年为近距历元以及提高天文数据精度等。

隋唐宋元时期，山东武城西北人崔善为，唐代天文历算学家。清河崔氏的家传文化形式多样、领域广博，也包括校对历法。李谦为元代郓州（今山东省东阿）人，著名学者，历算家。元至元二十年（1283年），李谦奉诏著《授时历议》，这是对《授时历》所做的详细鉴定及论证，这一传统到了清代得到更大的发展。

四、山东古代算学

算学作为反映齐鲁地区文化、科技发达的一个侧面，在两汉、魏、晋期间也居全国前列，山东古代算学家在中国筹算数学体系发展的三个重要阶段中都占有举足轻重的地位。

古代天文学与数学联系密切，在很长的一段历史时期二者甚至是不分的，被称为"天算"。山东天算的成就不仅体现在山东天算家及其名著之中，还涉及《管子》《考工记》《墨经》等著作中的天算知识和思想方法。尽管有人提出，约公元前1世纪成书的我国最重要的数学经典——《九章算术》为齐人所作，其根据似不充分，不过《九章算术》中提到的具体地名，就有齐蜀。研究此著的学者刘洪、郑玄、徐岳、王粲、刘徽都是齐鲁地区人。可以说，自汉末到晋初近1个世纪中，齐鲁地区形成了以这些学者和数学家为骨干的数学研究中心。东汉刘洪不仅是天文学家，也是东汉末年杰出的数学家。他是山东数学家和天文学家代表的同时，也是中华珠算的发明者，被誉为一代"算圣"。在不同时期，山东的算学都在算学家们的推动下不断进步与发展。

魏晋时期数学家刘徽，据专家考证为魏晋时期山东邹平

县人，被誉为"古代世界数学泰斗"，在世界数学史上占有突出的地位。三国魏景元四年（263年）他注《九章算术》（9卷），撰《重差》作为《九章算术注》的第十卷。他的《九章算术注》和《海岛算经》，是我国宝贵的数学遗产。《九章算术注》全面论证了《九章算术》的公式、解法，提出了若干重要的数学概念、判断和命题，通过"析理以辞、解体用图"，建立起数学知识的有机联系，并提出了很多独创的见解，体现了严谨的逻辑思维和深刻的数学思想，为中国古代数学奠定了坚实的理论基础。另一重要的数学家张丘建，北魏时清河（今山东临清一带）人。他著有《张丘建算经》3卷。书中关于最大公约数和最小公倍数的计算与应用，等差数列各元素互求的解法，盈不足方程，以及"百鸡术"等研究是当时的主要数学成就。特别是"百鸡问题"是世界著名的不定方程问题，对后世也产生了重要影响。13世纪意大利斐波那契《算经》，15世纪阿拉伯阿尔·卡西《算术之钥》等著作中也均出现有相同的问题。

到了宋元时期，中国古代算学发展达到最高潮，著名的南宋数学家秦九韶，自述是齐鲁人，为宋元数学的主要代表人物之一。他的《数书九章》是中世纪世界数学著作中十分重要的一部，在世界数学史上占有崇高的地位。著名科学史家萨顿（G. sarton）曾称颂秦九韶是"他那个民族，他那个时代，甚至所有时代中国最伟大的数学家之一。"此外，其他时代的山东天算家也不少，并取得了不少成就。但宋元之后，中国传统的自然科学特别是数学等取得辉煌成就之后并没有在已有的基础上进一步发展，许多先进的科学理论产生了中断。可以说自17世纪开始，山东科学技术的诸多领域，特别是自然科学和全国一样，与西方国家相比差距不断扩大。这时期数学家们主要集中做中西汇通和交流的工作，包括对中国传统名著与文献的整理和校注工作。山东也涌现出了几个代表人物。例如清淄川人薛凤祚著有《算

学会通》等著作 10 余种，译著《天步真原》，从西方数学引进第一份对数表，其主要著作收入《四库全书》。清初薛凤祚是当时北方民间历算名家，其主要著作有《天步真原》(1648 年)《天学会通》(1652 年) 和《历学会通》(1664 年)。在这些著作中引进了对数方法、平面三角、球面三角，是第一部使用对数的中文书。孔广森是清代著名经学家、数学家及音韵学家。在数学上，他继承了戴震的勾股定理学说，对古代数学中"方田""粟米""差分""少广""商功""均输""方程""勾股""赢不足"等原理颇为精通，著有《少广正负术》内外篇共 6 卷。他对音韵学很有研究，编著《诗声类》共 13 卷。此外曲阜人孔继涵在天文学、地学和算数方面也均有贡献。

山东古代科学技术除了在以上传统的四大基础学科中取得突出成就外，在其他领域也多有建树。特别是，山东在纺织、桑蚕、冶炼、盐、铁、采矿、陶瓷、机械制造、建筑、雕刻、绘画、手工艺术、酿酒、军事技术等方面都对传统科学技术有着重要的贡献。随着历史朝代的更迭和社会的不断发展，科学技术不仅成为人们认识自然、改造自然的强大武器，而且对整个社会历史发展的各个方面均产生着巨大的影响。山东古代科学技术的发展既有相对独立的一面和自身的特点，也表现出不同的历史阶段性。山东古代涌现出了一批各个专业领域的科学家、技术专家，他们的科学技术成就以及思想方法，构成了山东古代科学技术最靓丽的名片，为山东近现代科学技术的产生与发展奠定了重要基础。山东科学技术也在不断融合，在不同的历史阶段形成和发展起来的一些新的技术，得到了较为普遍的综合应用与推广，例如漆器制造、采煤、造纸、印刷、船舶制造、铁路以及山东近代民族资本主义工业等等，大大拓展了山东科学技术应用的范围和领域。山东近现代阶段科学技术的贡献也是多方面的，突出表现在山东近现代自然科学的形成、发展与研究过程之中，例如物理、化学、生物、地理与地质、海洋学以及山东现代工程科学技术、山东现代新兴工业技术、山东现代林业和水利科学技术等方面的成就，成为中国近现代科学技术的重要组成部分，充分表现了齐鲁人民的智慧和才能。

综上所述，山东古代人民和科学家在漫漫的历史长河中，特别是在先秦和魏晋到宋元期间，为中国传统的科学技术做出了重要贡献。当今世界，科学技术日益渗透到经济发展、社会进步和人类生活的各个领域，成为生产力中最活跃的因素。科学技术的发展，推动着社会的进步，全方位地体现了社会生产力水平的提高，有效地促进了社会经济和人民生活迅速发展，也为全面建成小康社会提供了强有力的支撑。在当今举国进一步深化改革，大力倡导"科学技术是第一生产力"的重要时期，在开启全面建设社会主义现代化国家新征程，向"两个一百年"奋斗目标进军，实现中华民族伟大复兴中国梦的新形势下，弘扬齐鲁文化和古代山东人民的科学技术成就，具有重要的现实意义和深远的历史意义。此次展览不仅可以开阔人们的视野，丰富人们的科学知识，激发人们爱祖国、爱山东的热忱，同时可以通过总结科学技术发展的历史经验教训，作为现今科学管理和科学研究工作的借鉴。尤其是通过探讨山东科学家的科技思想、成长道路，学习他们探求科学真理、勇于攀登科学高峰的崇高精神，激发全省人民继承和发扬古代山东科学技术的优良传统，为实施"科技兴鲁"和"人才强鲁"战略，为实现山东和全国的社会主义现代化建设历史新跨越发展做出积极的贡献。

考工记·山东古代科技展

前　言

　　山东中有泰山，东临大海，中部沃野千里，天资丰厚，地灵人杰。早在遥远的古代，山东先民善于发现，长于思索，在实践中摸索经验，在经验中总结规律，从而促进了科学技术的产生和发展，不断改变着生产和生活。从最早记录天象的大口尊刻划符号，到代表陶器"巅峰之作"的蛋壳黑陶，从精美绝伦"衣履冠带天下"的"齐纨鲁缟"，到惠世千年的中医"四诊法"，山东古代科技之辉煌宛若浩瀚星空，齐鲁大地上诞生的众多科学家和工匠如扁鹊、鲁班、墨子、孙武、刘徽等就是其中的星辰，熠熠生辉。

　　科学技术是人类进步的阶梯，文物是"科技是第一生产力"的物化表现，也是先人们聪明才智的历史见证。本展览展示了门类众多的珍贵文物，结合科技表现方式，通过原理剖析与互动将山东古代的科学技术成就呈现于观众面前，彰显文化传承与科技创新，弘扬中华传统文化。

考工记·山东古代科技展

前　言

巍巍泰山，海陆相连；由川飙横，沃野无边。山东，自古以来就是人类理想的家园。

漫长的岁月轮转，工艺代代相传，勤劳智慧的山东先民，用自己的双手，打造出山东古代科技的五千年画卷：民无常势属兵圣，望月回回斯骨髓……炼玉成铁凝就绝妙之作；经一缕，织桔槔制作水准之速，驾鹿之巧……民无常势属兵圣，望月回回斯骨髓……成智结合典，木结建，陆上午马，水中舟船，神农尝药，孔子问礼，四大发明，哲煌烂炬。

作为『科技是第一生产力』的物化代表现，文物是山东先民聪明才智的历史见证，中华五千年文明史，科学研究和工匠精神历久弥新，薪火相传。

第一部分

道法自然

农学

第一单元·天下之本

中国是世界上最早出现农业生产的国家之一，也是世界农作物起源中心之一。中国农业经历了原始农业、传统农业和现代农业三个阶段。在传统农业时期，中国农业取得了世界领先的辉煌成就，为世界农学的发展和成熟做出了重要贡献。

中国农业简史

由于地域和气候的原因，距今一万年左右的黄河流域最早出现了原始农业。黄河流域的旱作农业，为夏商周三代的农耕文明打下了良好的基础。黄河流域以种植耐干旱的粟为主，最早使用的农业工具为耒、耜。春秋战国时期，中国农业生产开始由粗放农业向精耕细作的传统农业转变，同时出现了铁制农具、牛耕和先进的水利工程等利农因素。这些进一步促进了农业的发展。至秦汉时期，精耕细作的优良传统逐渐形成，农业生产快速发展。

山东农学成就

山东地区是中国农业重要发源地之一，自古以来农业生产非常发达。在原始农业阶段，新石器时代大汶口文化中期以后，山东地区农业发展迅速，跃居全国前列。农业工具以磨制精致、扁而薄的石铲，鹿角制成的鹤嘴锄和骨铲最有特色。随着先民们农耕经验的积累，至战国秦汉时期，逐步形成因地制宜、多种经营、地力常新等农学思想，精耕细作、合理种植等优良传统和轮作、间作、套种、多熟种植等耕作制。在农业实践中，诞生了最早的生态地植物学著作——《管子·地员》和最早的水利科学著作——《管子·度地》，产生了我国三大农书中的两部——《氾胜之书》和《齐民要术》。山东以农业为基础，成为秦汉时期的膏腴之地和富庶之地，在此基础上产生了悠久的历史和灿烂的文化。

农业生产工具

石器时代　　在旧石器时代，人们最早使用的是打制石器。新石器时代中晚期以后，磨制工具成为主要生产工具，并广泛应用于农业领域，不仅有石器，还有木、骨、蚌等其他质地工具。工具种类也逐渐齐全，有用于耕作的斧、铲、耜，用于收割的刀、镰，用于加工的磨盘、磨棒等。从新石器时代到春秋战国时期铁器广泛使用之前，磨制石器一直是农业生产的主要工具，使用历史约万年之久。

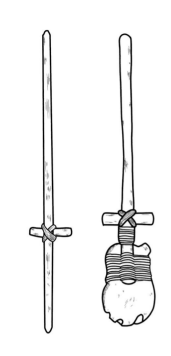

耒耜示意图

耒:《周易·系辞》曰"神农……揉木为耒"。耒为木制,似叉形,上有绑缚的横木方便踩踏助力。有的还有省力的弯柄。

耜:木质翻土农具,类铲形,战国时称为锸,功能近于今天的锨、锹。

铁制农具

中国商代开始使用陨铁,西周时期开始进行人工冶铁,春秋战国时期铁制农具逐渐在农业生产中使用。西汉以后铁制农具得到广泛应用,成为农耕工具的主体,为"民之大用"。秦汉帝国的强大离不开农业繁盛,而农业的快速发展与铁制农具的使用有着直接的关系,铁制农具的发明和推广,是"农业生产上的一次革命"。秦汉时期常见铁制耕作农具主要有耒、锸、锄、铲、镰、锹、耧犁和耱等,部分农具器形一直沿用到近现代。

山东冶铁起步较早,技术一直处于领先地位。春秋战国时期,山东齐国的铁制农具使用已比较普遍。《国语·齐语》记载:"美金以铸剑、戟,试诸狗马;恶金以铸锄夷斤斸,试诸壤土"。《管子·海王》也有"耕者必有一耒一耜一铫"的

记载,锄、夷、斤、斸、耒、耜、铫等均是铁制的耕作农具。西汉时冶铁业实行官营,铁官掌管冶铁,全国设置49处铁官,其中仅山东就多达13处,占全国1/4。考古发现山东地区汉代冶铁遗址十余处,其中临淄齐故城、莱芜城子县遗址发现的汉代冶铁遗址面积逾40万平方米,东平陵城汉代冶铁遗址面积4.2万平方米。山东出土汉代铁器数量较多,其中以农具为主。

铁犁铧

犁铧是翻土、松土的工具,我国从新石器时代开始使用石质犁铧,商代出现木架石犁,战国时期在木质犁上安装"V"形铁铧冠,汉代开始普及铁犁铧和牛耕,将山东地域内的不同质地的土地改造为沃野,粮食产量成倍增加,遂为天下膏腴之地。

冶铁鼓风机

我国商周时期已经出现鼓风器,冶铁的发展与鼓风器的发明和使用密切相关。"橐"(tuó)是鼓风机上最重要的设备,《墨子·备穴》:"具炉橐,橐以牛皮"。《老子道德经》:"天地之间,其犹橐籥乎?""橐"在早期是用牛皮或马皮制成的一种皮囊,外接风管,利用皮囊的胀缩来实现鼓风,当时是利用人工来鼓风。最初是单橐作业,后来把多个橐排在一起使用,称为"排橐"。

山东滕州宏道院出土的汉代冶铁画像石拓片

1930年,山东滕州宏道院出土的汉代冶铁画像石中有具体操作情形。"冶铁图"上有鼓风机的形象,左侧椭圆形物为"橐",旁边有三人在操作;中部四人作打铁状;右侧多人,似在磨砺铁器。

冶铁水排

东汉时期，南阳太守杜诗发明了水排，利用水利鼓风冶铁，节省人力，提高效率，是一项伟大的发明，但是没有流传下来。元代山东东平人王祯经过反复实践，重新研究出水排的构造，并且在研制的过程中，对水排进行了改造，使其更加实用、更加先进。

水排是我国古代一种冶铁用的水力鼓风装置，其原动力为水力，通过曲柄连水排杆机构将回转运动转变为连杆的往复运动。用水力推动排橐，叫作"水排"。

杜诗创制的水排，具体的结构缺乏记载，到元代其制法已不可考。元代东平人王祯多方搜访，力求复原，并加以发展，在他所著的《农书》中，最早对水排的构造作了详细的介绍。水排依水轮放置方式的差别，分为立轮式和卧轮式两种，都是通过轮轴、拉杆及绳索把圆周运动变成直线往复运动，以此达到起闭风扇和鼓风的目的。因为水轮转动一次，风扇可以起闭多次，所以鼓风效能大大提高。

用水排代替过去的马排、人排，四季不歇。水排不但节省了人力、畜力，而且鼓风能力比较强，因此促进了冶铁业的发展。

牛耕技术

"牛废则耕废"，可见牛耕对于古代农业的重要性。商代晚期已有铜犁工具和"犁"字的甲骨文，此时应已出现牛耕。春秋战国至西汉初，牛耕的使用还十分有限。西汉中期以后，随着铁犁工具的大量使用，牛耕技术才得以推广，从而大大推进了农业的发展。犁的构造是牛耕技术的关键，汉代使用的是直辕犁，也叫耦犁、二人抬杠。西汉时需要二牛三人，东汉时只需要二牛二人或二牛一人即可，这在山东的画像石上可以看到。以直辕犁推广为标志的牛耕技术的普及，是中国农业生产力发展的一个里程碑。唐代出现了更为先进的曲辕犁，一牛一人，进一步提高了耕地的效率。

农业机械

机械始于简单工具，农业机械的使用与农业的产生同源。机械是省力的工具或装置，早期主要依靠人力，后来逐渐发明借助畜力、风力、水力的机械，大大降低了劳动的强度，提高了农业生产效率。

农书和农学

中国古代劳动人民经过几千年的农业耕作，积累了丰富的经验，留下许多著名的农学著作。

先秦诸书中多含有农学篇章，《吕氏春秋》中的《上农》《任地》《辩土》《审时》四篇，

王祯《农书》中的水排冶铁图

汉画像石牛耕图拓片

原石于 1981 年金乡县城东香城堌堆出土

画面中两牛拉着一个犁耕地，前面一人牵牛，后面一人扶犁，一人赶牛。

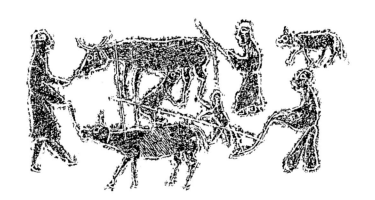

仓廪图画像石拓片

原石于 2005 年山东长清大街东汉墓出土

画面右侧有人物手持量器在从仓中取粮；画面左侧是仓廪，用于存储粮食，大粮仓显示出丰足的粮食，还有"狗拿耗子"的画面，非常富有生活气息。

汉画像石桔槔图

山东嘉祥武氏祠的东汉画像石中的桔槔图像。

桔槔始见于《墨子·备城门》，称作"颉皋"，是一种利用杠杆原理的取水机械，用于提水灌溉，极大地节省了人力。

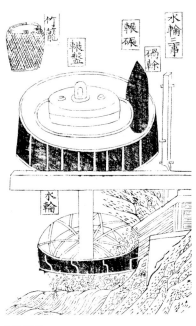

水轮三事

元代山东东平的王祯发明了水轮三事，它是在普通水磨的基础上，通过改变轴首装置，使它兼有磨面、砻稻、碾米三种功用。

王祯在他编著的《农书》中有关于水轮三事的记载："水轮三事，谓水转转轮轴，可兼三事，磨、砻、碾也。"

水轮三事的发明不但解放了劳动力，同时提高了生产效率。

前一篇讲的是农业政策，后三篇讲的是农业技术，内容涉及土地利用、农田布局、土壤耕作、合理密植、中耕除草、掌握农时等，是先秦时代农业技术的总结，也是中国精耕细作农学传统理论的重要发端。《管子·地员》是中国第一部关于土壤学方面的论著，主要论述中国土地分类，是中国最早的土地分类专篇。

著名的四大农书：《氾胜之书》《齐民要术》《农书》《农政全书》基本反映了中国古代各个时期农耕社会的发展状况。

秦汉时期农业重心在黄河流域，主要农书有《氾胜之书》和《齐民要术》。

《氾胜之书》是西汉晚期的重要农学著作，一般认为是中国最早的农学专著。作者氾胜之，山东氾水（今山东省曹县北）人，此书现仅存一些片断，它提出了"趣时、和土、务粪泽、早锄、早获"的基本法则，并提出了耕作的总原理和具体的耕作技术，反映了当时农学所能达到的最高成就。

《齐民要术》成书于北魏时期，是中国现存最早、最完整的综合性农书，也是世界农学史上最早的专著之一。作者贾思勰，山东益都（今山东青州）人。《齐民要术》由序、杂说和正文三大部分组成。书中内容相当丰富，包括各种农作物的栽培，各种经济林木的生产，以及各种野生植物的利用等。同时，书中还详细介绍了各种家禽、家畜、鱼、蚕等的饲养和疾病防治，并把农副产品的加工（如酿造）以及食品加工和日用品生产等形形色色的内容都囊括在内，对我国农业研究具有重大意义。

王祯《农书》成书于 14 世纪初，是我国第一部全局性的农书。作者王祯，元代东平（今山东东平）人。《农书》内容包括三个部分——《农桑通诀》总论了农业的各个方面；《百谷谱》栽培个论，分述粮食作物、蔬菜、水果等的栽种及储存、加工等技术与方法；《农器图谱》占全书 80% 的篇幅，几乎包括了传统的所有农具和主要设施，是中国最早的图文并茂的农具史料，后代农书中所述农具大多以此书为范本。《农书》兼论南北农业技术，广泛介绍各种农具，是一部具有重要价值的农学著作。

明清时期随着精耕细作的技术体系继续推广和提高，农书的撰述空前繁盛，最重要的是刊刻于 1639 年的徐光启的《农政全书》。作者徐光启，上海人，明末杰出的科学家。《农政全书》按内容大致上可分为农政措施和农业技术两部分，广泛吸收了历代的农事成就，总结了宋元以来的棉花，及明代后期甘薯等的栽培经验，并提出治蝗的设想。书中着重叙述了屯垦、水利和荒政三方面问题，增补了前代农书的薄弱环节，是一部农学巨著。

这些农书是中国古代科学文化遗产的重要组成部分，对中国古代农学的发展产生了重大影响。

有孔石斧 新石器时代大汶口文化

最长 12.5、最宽 6.9、最厚 1.5 厘米

1959 年泰安大汶口遗址出土

山东博物馆藏

有孔石斧

新石器时代大汶口文化

最长 11.7、最宽 4.3、最厚 2.6 厘米

1959 年泰安大汶口遗址出土

山东博物馆藏

铁犁铧　汉
　　　　宽28、高26厘米
　　　　莱芜出土
　　　　山东博物馆藏

铁犁铧　汉
　　　　宽28、高26厘米
　　　　莱芜出土
　　　　山东博物馆藏

铁镰

汉

长 25 厘米

泰安六区姚庄出土

山东博物馆藏

齐铁官丞封泥

汉

纵 3.1、横 3.1 厘米

临淄出土

山东博物馆藏

铜井 汉

高 50、底边长 48.5 厘米

1969 年济宁出土

山东博物馆藏

陶仓

汉

通高 32.8、足高 3.9、口径 10.4、底径 19.9 厘米

原齐鲁大学明义士收集

山东博物馆藏

陶碓米风车模型

汉

高 14.5、长 27.7、宽 19.3 厘米

1984 ～ 1985 年临淄乙烯厂区出土

山东博物馆藏

水利

水利是农业的命脉。西汉司马迁《史记·河渠书》中首先赋予"水利"一词专业含义，水利成为有关治河、防洪、灌溉、航运等事业的科学技术学科，水利学作为与国计民生密切相关的科学技术的应用学科由此诞生。

山东农学的发展催生了水利学的发达，《管子·地员》篇记载不同的土质和地下水埋深与水质的关系。《管子·度地》将地表径流划分为干流、支流、谷水、川水（较小河流）及渊水（湖泊）5 类，认为可以控制和利用这些水体来为人类服务，代表了当时水利学发展的先进水平。

京杭大运河是我国水利工程的杰出代表，克服山东地垒的南旺分水枢纽更是其中最为巧妙的伟大工程，是山东先民集体智慧的结晶。

南旺分水工程

京杭运河元代开凿的部分，山东汶上县南旺作为大运河的"水脊"，成为运河畅通的难题。明代永乐九年（1411 年）工部尚书宋礼采用汶上老人白英的建议，首先在汶上筑戴村坝截汶水；然后开挖小汶河，使汶水至南旺分水口；接下来导泉补源，即收集疏导汶上县东北各山泉汇入泉河至分水；最后在小汶河入运的"T"字形水口修石头护坡，建分水拨刺（鱼嘴），使其南北分水。南旺分水枢纽疏浚三湖作水枢，建闸坝，调节水量，保证漕运畅通，堪与都江堰相媲美。

南旺分水工程，坝址选定合理，因戴村是遏汶河济运较为理想的制高点，符合水往低处流的自然规律，至南旺水脊分水，疏浚三湖。白英抓住了"引、蓄、分、排"四个环节，实现了蓄泄得宜，运用方便。该工程具有高度的科学性，是我国京杭大运河史上的一个伟大创举。

南旺分水枢纽——京杭大运河山东段

汉及隋唐，都城在长安、洛阳，水运构架以开封为中心呈东西向，隋朝炀帝大业年间开凿永济渠、通济渠、邗沟和江南河。元朝定都北京，政治中心北移，远离了经济中心江南地区，为了粮食漕运的便利，在北京与通州、山东境内开凿运河连接京杭大运河成为当务之急。

元都水监郭守敬是著名的天文学家和水利学家，他受命考察山东。山东境内中部地势较高，形成山东地垒，重要的是需要确认跨越地垒时能够得到当地水源的有效补充，郭守敬六次踏勘，为工程实施奠定基础。

南旺枢纽国家考古遗址公园实景

南旺枢纽运河砖堤

经东平湖
过黄河至临清

至大汶河

至梁济运河
南水北调东线工程

龙王庙建筑群遗址

分水口砖堤遗址

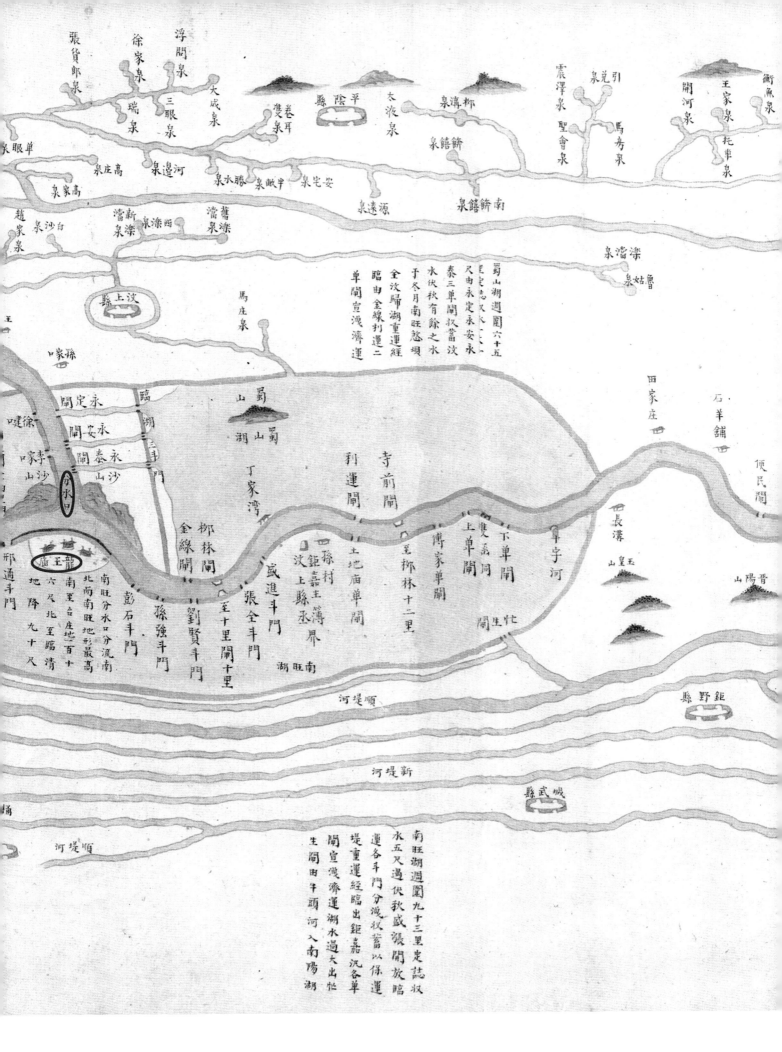

43

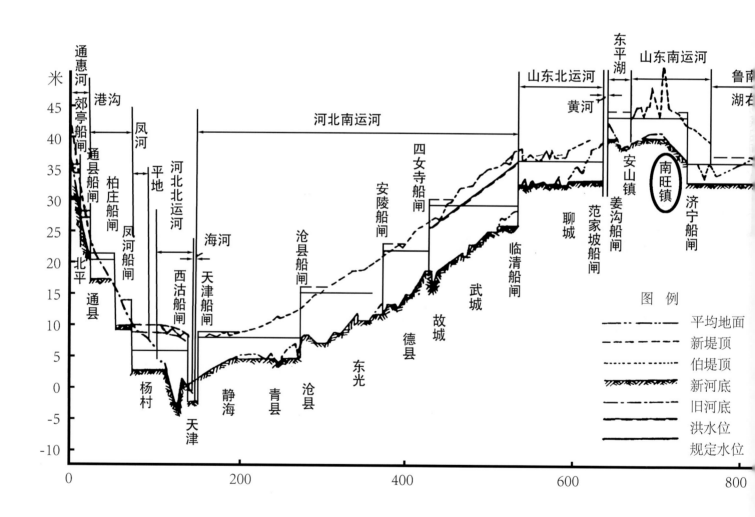

米

45

40

35

30

25

20

15

10

5

0

-5

-10

通惠河
郊亭船闸
港沟
凤河
平地
河北北运河
海河
通县船闸
柏庄船闸
凤河船闸
西沽船闸
天津船闸
北平
通县
杨村
天津
静海
青县
沧县
东光
河北南运河
沧县船闸
安陵船闸
四女寺船闸
德县
故城
武城
临清船闸
山东北运河
聊城
范家坡船闸
黄河
东平湖
安山镇
姜沟船闸
山东南运河
南旺镇
济宁船闸
鲁南
湖右

图 例

平均地面
新堤顶
伯堤顶
新河底
旧河底
洪水位
规定水位

0   200   400   600   800

南旺分水区纽工程在京杭大运河纵剖面中的位置图

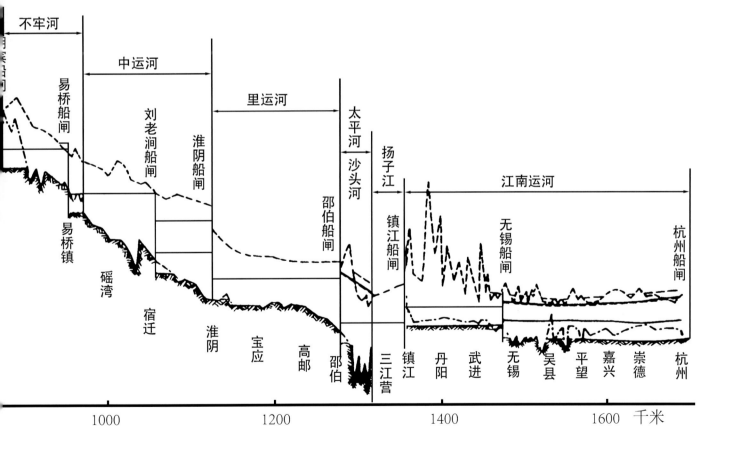

不牢河

中运河

里运河

太平河

沙头河

扬子江

江南运河

易桥船闸

刘老涧船闸

淮阴船闸

邵伯船闸

镇江船闸

无锡船闸

杭州船闸

易桥镇

磁湾

宿迁

淮阴

宝应

高邮

邵伯

三江营

镇江

丹阳

武进

无锡

吴县

平望

嘉兴

崇德

杭州

1000

1200

1400

1600　千米

天文

第三单元·天人合一

八主祠

　　八主祠八座…
能，琅琊台有…
　　八主分布…
民间性和地域性…
西汉映期后不…
存。

中国是世界上天文学发展最早的国家之一，《尚书·尧典》载称"历象日月星辰，敬授人时"。《史记·天官书》记载："自初生民以来，世主曷尝不历日月星辰？"天文学在中国历史上可以说是举足轻重的研究领域，集中体现了古代中国人对自然和人文的思考和实践。在"天人合一"的思想下，天文学与农学、医学和算学并称为我国古代的四大支柱科学，对中华文明的形成和发展产生了十分重要的作用。从史前的起源到随后的发展，中国古代天文学到汉代已经形成了自己的体系。从生产到生活，从文字到艺术，从居室到墓葬，从祭祀场所到城市建设，天文观念渗透到了文明的各个组成部分之中。在这些与天文学有关的各种活动中，中华文明独特的宇宙观逐步确立起来。

自然崇拜，指导农事

对自然的敬畏和崇拜是全世界原始先民的共同特征，中国古代历来有对天象进行记录的传统。史前时期，山东先民已经有意识地记录天文自然现象，通过观测日月星辰来定季节和方位，以便安排农事，时空秩序由此建立，原始的天文学随之产生。殷商时期，甲骨卜辞中以符号和文字记录了先民们对天象的观测。春秋战国时期，鲁国天文学家多次记录了太阳和彗星的活动情况。公元前613年7月，鲁国人观测到一颗彗星扫过北斗，这是世界上最早关于哈雷彗星的记录。这些天文观测活动既体现了先人对自然的好奇和探索精神，也为编制历法提供了必要的依据，使得古代天文学得以确立和发展。

大汶口文化陶纹图像

山东莒县陵阳河遗址出土的大汶口文化陶尊上发现有太阳陶纹，距今4600多年。古文字学家于省吾先生释为"旦"字，认为是早晨山上云气承托着出山的太阳的旦明景象。天文考古学者陆思贤认为该图像是由"日""火""山"符号组成，表现秋分之日太阳落山的夕照景象；认为由"日""火"符号组成的图像文字表现的是春分日太阳初升的景象（陆思贤、李迪：《天文考古通论》，紫禁城出版社，2000年）。另有说法认为，诸如此类符号是莒人为祭祀太阳神创作的祭文（苏兆庆：《古莒遗珍》，人民美术出版社，2007年）。该图像可以说代表着我国古代天文知识的萌芽。

大汶口文化八角星纹

一种看法认为这是表现光芒四射的太阳；另一看法认为四射的八角寓意着无际的天空，中间的方形象征着大地，取天圆地方之意；也有看法认为是大地的象征。天文考古研究者陆思贤提出八角星形寓意"四方四隅"，是方位天文学的萌芽。

大口尊

大汶口文化

1961 年莒县陵阳河遗址出土

莒县博物馆藏

器壁厚重，腹部上刻画符号"⬚"，由"日""月""山"组成，古文字学家于省吾先生释为"旦"字，是早晨山上云气承托着初出山的太阳的旦明景象。

大汶口文化八角星纹彩陶豆

大汶口文化

高 29、口径 26 厘米

1974 年泰安市大汶口遗址出土

山东博物馆藏

盛器。豆盘外壁饰八角星纹，关于纹样的含义，有人认为是表现光芒四射的太阳，也有人认为四射的八角寓意着无际的天空，中间的方形象征着大地，取天圆地方之意。

星象图　　北斗信仰在中国古代天文学起源中，占有十分重要的地位。由于北斗拥有指方向、定季候等诸多与生产、生活息息相关的实用性功能而受到华夏先民的尊崇。目前在内蒙古已发现距今万年的北斗星岩画。殷商时期已经出现对北斗的大规模祭祀活动。我国现存最早的农事历书《夏小正》即依据北斗星方位来确定月份。《诗经》《尚书》等先秦文献也多次提及北斗星。汉代将北斗星与帝王德政联系起来，"斗为帝车，运于中央，临制四乡"，赋予更丰富的人文含义，北斗七星也成为墓葬壁画中常见的天文题材。

山东嘉祥武氏祠北斗星君图将《史记·天官书》中"斗为帝车，运于中央，临制四乡"的表述形象生动地体现了出来：北斗星君以北斗七星为"帝车"，以斗魁为车厢，以斗杓为车辕，驾车出行；"运于中央"是指北斗七星运转在中央天区；"临制四乡"是"斗杓提携着整个星空旋转"，并分出了四方天区（陆思贤、李迪：《天文考古通论》）。该图是汉代画像石中关于北斗七星的代表作品。

山东长清孝堂山郭氏墓石祠门梁画像石是山东地区日月星辰画像石中的典型作品。图中左右两端分别刻画了日、月，日中有三足鸟，月中刻有蟾蜍和玉兔。日月两端刻南斗与北斗，北斗七星位于月的外侧；南斗六星在日的外侧，其中五星相连，另有一星位于五星旁边。在日的内侧有一女坐于织机旁，头上有三星相连，为织女星，该女应是织女。南斗之下刻卷云纹，其下有一只大雁南飞（山东省石刻艺术博物馆、山东省文物考古研究所编，蒋英炬、杨爱国、信立祥、吴文祺：《孝堂山石祠》，文物出版社，2017年）。该图将日、月、北斗星、南斗星和织女星融入一张图中，极富代表性。

山东嘉祥武氏祠北斗星君图线图

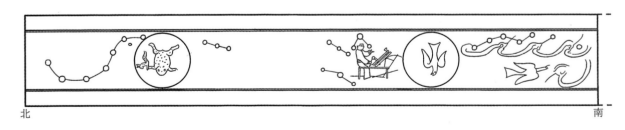

北　　　　　　　　　　　　　　　　　　　　南

山东长清孝堂山郭氏墓石祠门梁线图

制定历法和节气

古代先民通过观测天象来制定历法，遵循大自然的规律，并按节气从事农业生产。农业是国家之本，因此中国古代十分重视历法的制定。商代甲骨文有以甲子纪日的文字，这是中国最早的有关历法的记录，此后历代逐步改进。中国传统历法是阴阳合历，既显月相盈亏，又合寒暑时令；节气是随回归年而变，与阳历相关。制定历法的最重要的条件是岁实和朔策的确定，岁实是指回归年，朔策是指朔望月，这两个数据反映了历法的疏密。

二十四节气是通过观察太阳的周年运动，了解一年中时令、气候、物候等方面的变化规律而形成的知识体系，主要是把太阳周年运动轨迹划分为24等份，每一等份为一个节气，周而复始。二十四节气既是历代官府颁布的时间准绳，也是指导农业生产、预知冷暖雨雪的指南针。

在春秋时代，仲春、仲夏、仲秋和仲冬四个节气就已经确定。战国后期成书的《吕氏春秋》"十二月纪"中，有了立春、春分、立夏、夏至、立秋、秋分、立冬、冬至八个节气名称，这八个节气标示出季节的转换，清楚地划分出一年的四季，是二十四个节气中最重要的八个节气。西汉时期二十四节气最终确定，西汉淮南王刘安主持编写的《淮南子》一书记载有二十四节气。公元前104年颁布的《太初历》正式把二十四节气定立于历法，并明确了二十四节气的天文位置。

甲子乙丑丙寅丁卯戊辰己巳庚
甲戌乙亥丙子丁丑戊寅己卯庚
甲申乙酉丙戌丁亥戊子己丑

0807

山东博物馆藏干支甲骨一

甲子乙丑丙寅丁卯戊辰
甲戌乙亥丙子丁丑戊寅
甲申乙酉丙戌丁亥戊子

0938

山东博物馆藏干支甲骨二

《视日》竹简

1972 年在山东临沂银雀山 2 号墓出土了一批竹简，其中有《元光元年（公元前 134 年）视日》竹简，记载了"三伏、月徽、冬至、夏至、立秋"等节气。32 枚竹简中第一枚记年，第二枚记月，以十月为岁首，以后顺序排列到后九月，第三枚至第三十二枚记日，记录每月各日干支，32 枚竹简排列起来即为元光元年全年日历。

2002 年山东日照市海曲故城汉墓中出土了《汉武帝后元二年（公元前 87 年）视日》竹简，残存了"春分""夏至日""立冬""冬至日"等属于八节的名称。

这两批《视日》简是目前出土最早最完整的汉武帝时期视日简，对于校正古籍历谱有十分重要的作用，提供了不可多得的资料，其中"三伏、月徽、冬至、夏至、立秋"等节气描述，是中国历法中节气演变的见证。

日照海曲故城汉墓出土《后元二年视日》竹简

西汉

长 23 厘米

日照海曲出土

山东省文物考古研究院藏

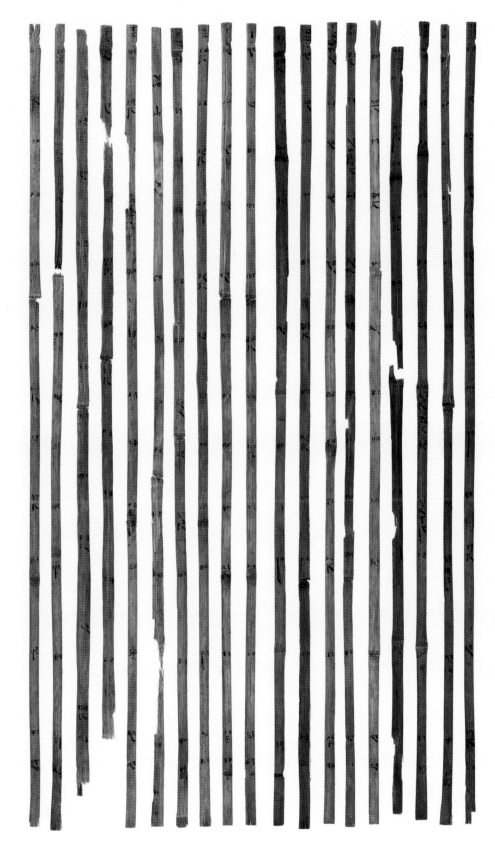

临沂银雀山汉墓出土《元光元年视日》竹简

西汉

长 69、宽 1 厘米

临沂银雀山汉墓 2 号墓出土

山东博物馆藏

祖先崇拜，宗教祭祀

祖先崇拜是中国古代的重要信仰，而中国古代完善的宗教祭祀体系更是推动了天文学的发展和完善。秦汉时期，山东大地设有日、月、天、地、四时等八主祠，既是国家宗教祭祀的场所，也是观测天象的地方。山东汉代画像石上保存了丰富的星象图画资料，墓葬建筑模拟宇宙空间来设计，顶部象征天空，常常绘制日月、星辰和云气等图像，体现了汉代先民的宗教思想和朴素的宇宙观。

八主祠 八主即八神，是齐地古老的宗教信仰，八主分别为天主、地主、兵主、阴主、阳主、月主、日主、四时主。据《史记·封禅书》记载，秦始皇封泰山之后，"遂东游海上，行礼祠名山大川及八神，求仙人羡门之属。八神将自古而有之，或曰太公以来作之。齐所以为齐，以天齐也。"（司马迁：《史记·封禅书》，中华书局，1959年）

并进一步指出八神的具体方位：天主，祠天齐，位于临淄南郊山下；地主，祠泰山梁父；兵主，祠蚩尤，位于东平陆监乡；阴主祠三山；阳主祠之罘；月主祠之莱山；日主祠成山；四时主祠琅邪（司马迁：《史记·封禅书》）。

八主祭祀出现于战国晚期，在地点上是沿用齐地原有的神祠，并依阴阳思想确定了方位（王睿：《八主祭祀研究》，《传承与创新：考古学视野下的齐文化学术研讨会论文集》，上海古籍出版社，2019年）。八主祭祀具有浓厚的民间性和地域性，秦汉时期将其纳入国家祭祀，秦始皇、汉武帝、汉宣帝曾祭祀过八主，西汉晚期后不再祭祀（张华松：《八主析论》，《管子学刊》，1995年第2期）。目前在烟台芝罘、荣成成山、胶州琅邪台等地发现祭祀和建筑遗存。八主祠兼具宗教和天象观测的功能，琅邪台等建筑遗存被视为现存中国最早的古观象台。

烟台芝罘阳主祭祀玉璧、玉圭和玉觽

战国

玉璧直径15.5、孔径4、厚0.45厘米；圭长9.3、宽0.5厘米；一觽长12、宽1.66、厚0.5厘米；一觽长11、宽1.52、厚0.5厘米

1976年烟台芝罘阳主庙前侧出土

烟台市博物馆藏

礼器。青玉质，一组4件。这组玉器出土于烟台芝罘阳主庙遗址，是著名的齐地八神之阳主所在地。先秦至秦汉时期，芝罘岛一直有隆重的祭祀仪式，按古代礼制，行"玉礼"。这组玉器应是祭祀阳主的礼器。

日月图　汉代"事死如事生"的思想盛行，该思想在丧葬体系中得到充分的体现，在山东地区汉代壁画墓和画像石上保存了丰富的资料。墓葬建筑大多模拟宇宙空间来进行建造，其中顶部象征天空，常常绘制日月星辰等图像。其中日月图像一般位于建筑顶部中央，象征宇宙部分的天空，以圆轮表示日、月，其内刻画三足乌的圆轮，象征太阳；其内刻画蟾蜍或玉兔的圆轮，象征月亮。

山东东平后屯汉代壁画墓金乌云气图，绘有金乌和云气纹，象征宇宙部分的天空。滕州出土的日、月、星象画像石画面上有日轮和月轮，月内有蟾蜍和玉兔，月轮外缠绕有一条龙；日轮内刻有一只三足鸟，大鸟背负着整个日轮，并被人身蛇尾的伏羲和女娲所饲喂；画面四周布满云气、群星和神鸟（中国画像石全集编辑委员会编：《中国画像石全集》，山东美术出版社，2000年）。

东平后屯汉代壁画墓1号墓墓顶金乌云气图

滕州出土的日、月、星象画像石拓片

山东临沂金雀山汉墓天地人间帛画线描图

宇宙与四方

"上下四方曰宇，往古来今曰宙"，宇宙代表的是空间和时间的概念，有时也指"天地"。《周髀算经》提到的"方属地，圆属天，天圆地方"在史前社会就已经产生，距今六千多年的河南濮阳西水坡蚌塑龙虎图墓葬，正是天圆地方这种古老宇宙观的体现。秦汉以来，人们形象地将"宇宙"移植到墓葬当中，墓葬顶部象征天界或仙界，中间为人间世界，下部刻画地下或冥界。四方分别由青龙、白虎、朱雀、玄武四神守护。《史记》描述秦始皇陵内部提到"上具天文，下具地理"，陵墓内天文星宿、山川河流、人物历史等一应俱全。

临沂金雀山汉墓出土的帛画，描绘了天上、人间和地下的景象，是汉代宇宙四方观点的直观体现。此外，山东汉代画像石上刻画了很多"瑞祥"的四神图案，代表了四方四隅，是方位天文学的代表，也是天人感应和星占观念的一种艺术表现形式。

山东济南长清孝里镇四神画像石拓片

占测天意，预测国运民生

古人观测天象不仅是为了编制历法，用于安排生产和生活，还是为了占测天意，用来获知或评价政治和其他社会活动。甲骨文中已有占星以问天意的文字记录，《左传》《国语》中也有多达 40 余条占星记录，汉代常常将自然现象与星象变化联系起来，发表政论，影响朝政。此后历代朝廷都很重视占星术，甚至设立专门机构进行管理。占星术虽有不科学的一面，但也为后人留下了极为丰富的天象观测的记录资料，客观上为古代科技的发展做出了十分有价值的贡献。

山东临沂银雀山汉简的《占书》包括了丰富的星占内容，是汉代山东地区古代天文学发展的重要代表。

月。苗民亡。月十一垣。昆吾民亡。有狄民亡。月九垣。有快民亡。月八垣。有扈民亡。月七垣。有尽

是以有功而除害。此三王之授伐之道也。其在古之亡国志也。月十三垣。共工亡。离民亡。星贯。

山东临沂银雀山汉简《占书》

医学

第四单元·医者仁心

中医学是我国自主创造的文化遗产，它具有完整的理论体系、卓越的思想方法和独特的疗效，是一个特色鲜明的医学体系。

山东是针刺疗法的主要发源地。《帝王世纪》有东夷人首领伏羲氏制作九针的记载。《黄帝内经素问·异法方宜论》记载"东方之域，天地之所始生也。""其民食鱼而嗜咸"，"其病皆为痈疡，其治宜砭石。故砭石者，亦从东方来。"针砭是古代医学上最古老的医疗手段，针是刺入体内来治病，砭石则是外治，用来刺脉放血、切痈排脓。

1995年在东营市广饶县傅家大汶口文化遗址392号墓出土一具成年男性尸骨，其颅骨的右侧顶骨后部有31毫米×25毫米的近圆形缺损，缺损周边有刮削痕迹和骨组织修复的迹象。经由考古学专家、人类学专家、医学专家等的共同鉴定，认为这是中国目前所见最早的开颅手术成功的实例，开颅手术后，此人至少存活了两年。山东广饶这件开颅头骨，证明了五千年前的中国已掌握了开颅手术技术，代表了当时外科医疗技术的高超水平。

《针灸甲乙经》载："伊尹以亚圣之才，撰用神农本草，以为汤液。"《史记·殷本纪》云："伊尹名阿衡。阿衡欲干汤而无由，乃为有莘氏媵臣，负鼎俎，以滋味说汤，致于王道。"相传商代山东人伊尹发明了用多种草药煮制汤液治病的方法，开中国药型汤剂之端。伊尹所撰《汤液》数十卷，也是中药汤剂最早的著作。

山东中医临床内科始于春秋战国时期，《周礼·天官序言》中记有"疾医"一职，即专司内科之医官，当时齐国、鲁国均设此职。战国时期，山东开始有医书问世，由经验医学上升为理论。

在中医学发展史上，齐鲁大地名医辈出，自春秋时期名医扁鹊，到汉代淳于意，以及晋代医家王叔和、宋代儿科大家钱乙与董汲，到清代大家黄元御、臧应詹，他们以高深的学术造诣、丰富的临床经验，对中医学的形成与发展做出了重要贡献，影响深远。

扁鹊是第一位在正史中有传记的古代医学家，春秋战国时期齐国人，所著《扁鹊内经》《扁鹊外经》是中国最早的医籍。扁鹊首导脉学，主张剔除巫术，创"望、闻、问、切"四诊法，并创制了针灸、汤药、蒸熨刀、按摩等治疗工具和方法，被称为"治疾之圣"。

淳于意，西汉临淄人，曾任齐太仓令，精医道。《史记》记载了他的25例医案，后人称之为"仓公诊籍"，是中国现存最早的病史记录。从诊籍记载看，淳于意精通望诊和脉诊之法，对疾病预后的判断有惊人的准确性。在治疗上，他大量运用针灸方法，反映了西汉早期临床医学的实际情况。

王叔和，西晋高平（今济宁市金乡东北，邹城市西南）人，著有中国现存最早的脉学专著《脉经》。该书共 10 卷 98 篇，详析脉理，陈述脉法，细辨脉象，明其主病。将脉的生理、病理变化列为 24 种脉象，使脉学理论系统化、专门化，正式成为中医诊断疾病的一门学科，对后世医学影响较大。

北宋的钱乙与董汲，并称"儿科一代宗师"。钱乙为郓城（今山东东平县）人，是中医儿科奠基人之一，著有《婴孺论》《小儿药证真诀》，也是著名的古代药理学家，创制方剂 114 种，其中六味地黄丸、异功散等沿用至今。《小儿药证真诀》是世界上现存的最早的一部儿科医学专著，该书成于宣和二年（1120 年），共有上、中、下 3 卷，上卷记述脉证治法，中卷收录 23 例医案，下卷论述儿科方剂的配伍和用法。董汲为东平（今山东东平县）人，著有《小儿逗疹备急方论》，为中国首部小儿急性斑疹热专著。

明清为中医发展的盛期。清代昌邑人黄元御、诸城人臧应詹均精于《伤寒论》研究，有"南臧北黄"之称。黄元御著有《金匮悬解》《四圣悬枢》《四圣心源》《长沙药解》《伤寒说意》等。至晚清，山东省内著名医家 70 余人，新著多达 50 余种，中医达到鼎盛。

山东古代中医学是山东人民在生产、生活以及同疾病做斗争实践中的经验总结，它蕴含着中华民族丰富的哲学思想和人文精神，体现了以人为本、大医精诚的核心价值，为中医学的形成与发展做出了重要贡献，影响深远。

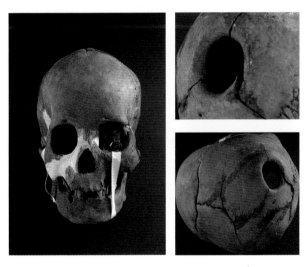

东营市广饶县傅家村大汶口文化遗址出土的头骨

微山县两城镇出土画像石上的扁鹊针砭图

沂南县任家庄出土汉画像石上的玉兔捣药图

青铜鼎、丹药

西汉

通高 31.6、口径 23.4、足高 16.5 厘米

1977 年巨野红土山西汉墓出土

巨野县博物馆藏

/

素面，子母口，圆鼓腹，圜底，三蹄足，附有对称长方镂孔竖耳。腹中部有一周凸棱，腹下部刻铭文"容四斗重钧"。鼎盖作覆盘状，饰三立纽。这件鼎出土时盛有药丸一百五十多粒，还有朱砂和蚌壳，反映了墓主人追求成仙的梦想。

西汉

通高 31.6、口径 23.4、足高 16.5 厘米

1977 年巨野红土山西汉墓出土

巨野县博物馆藏

/

素面，子母口，圆鼓腹，圜底，三蹄足，附有对称长方镂孔竖耳。腹中部有一周凸棱，腹下部刻铭文"容四斗重钧"。鼎盖作覆盘状，饰三立纽。这件鼎出土时盛有药丸一百五十多粒，还有朱砂和蚌壳，反映了墓主人追求成仙的梦想。

青铜药匙

西汉

通长 17.8、斗径 4.2、斗高 3.5 厘米

1977 年巨野红土山西汉墓

巨野县博物馆藏

/

斗为方唇，深腹，圜底。柄末端穿一圆环。

青铜杵臼

西汉

臼高 13.5、口径 15、底径 11 厘米

杵长 35.5 厘米

1977 年巨野红土山西汉墓出土

巨野县博物馆藏

/

制作丹药的器具。圆筒形、素面、直口、方唇、腹下部渐收为
平底，底缘外折呈假圈足状。腹上部饰有凸棱一周，口沿一侧
刻有铭文"重廿一斤"。杵中部刻铭文"重八斤一两"。

小儿药症真诀

清

山东博物馆藏

《小儿药证直诀》（真诀）中国现存最早的一部儿科医学专著，成书于北宋时期，是北宋医家阎季忠根据钱乙的医学理论和医学实践整理而成，《四库全书目录提要》中称它为"幼科之鼻祖"。

这部医书中所包含的科学精华，直到现在依然对中医儿科有着指导作用。

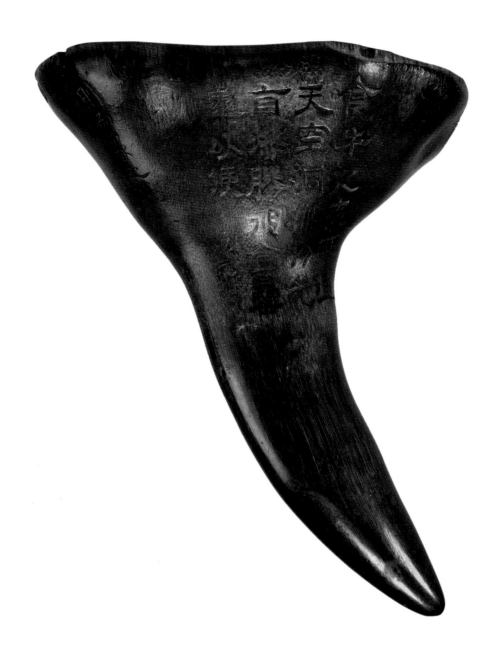

灵芝形犀角杯

明

高 10 厘米

捐赠

山东博物馆藏

/

呈灵芝形，圆口尖角。杯外侧刻有题记三处："鸡则骇水则燃，
君子酌之寿孔延"，署名"韩上桂"；"食牛之气可通天，空
洞无物光自燃，胜彼金罍乐以便"，落款"必元"；"则而象
之慢捲绿耶则而受之宾筵福耶"，落款"陈骥"。杯口缺掉一
块，有明显的摩擦痕迹，因犀角是一味清营血、解热毒的药材，
捐赠前被磨去一块入药。

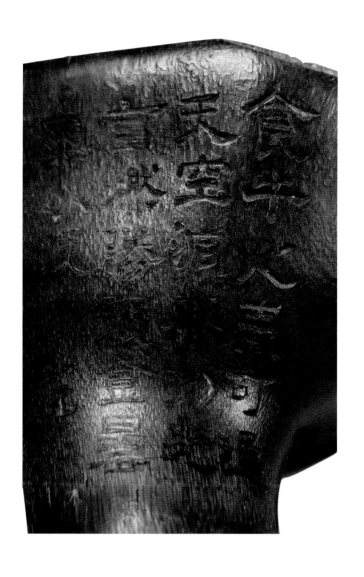

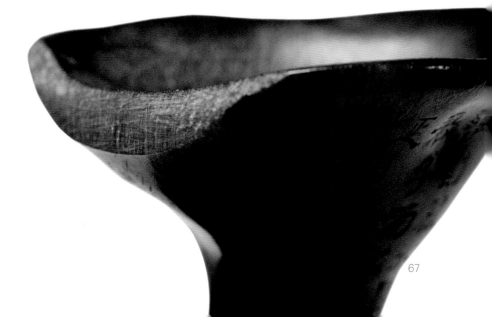

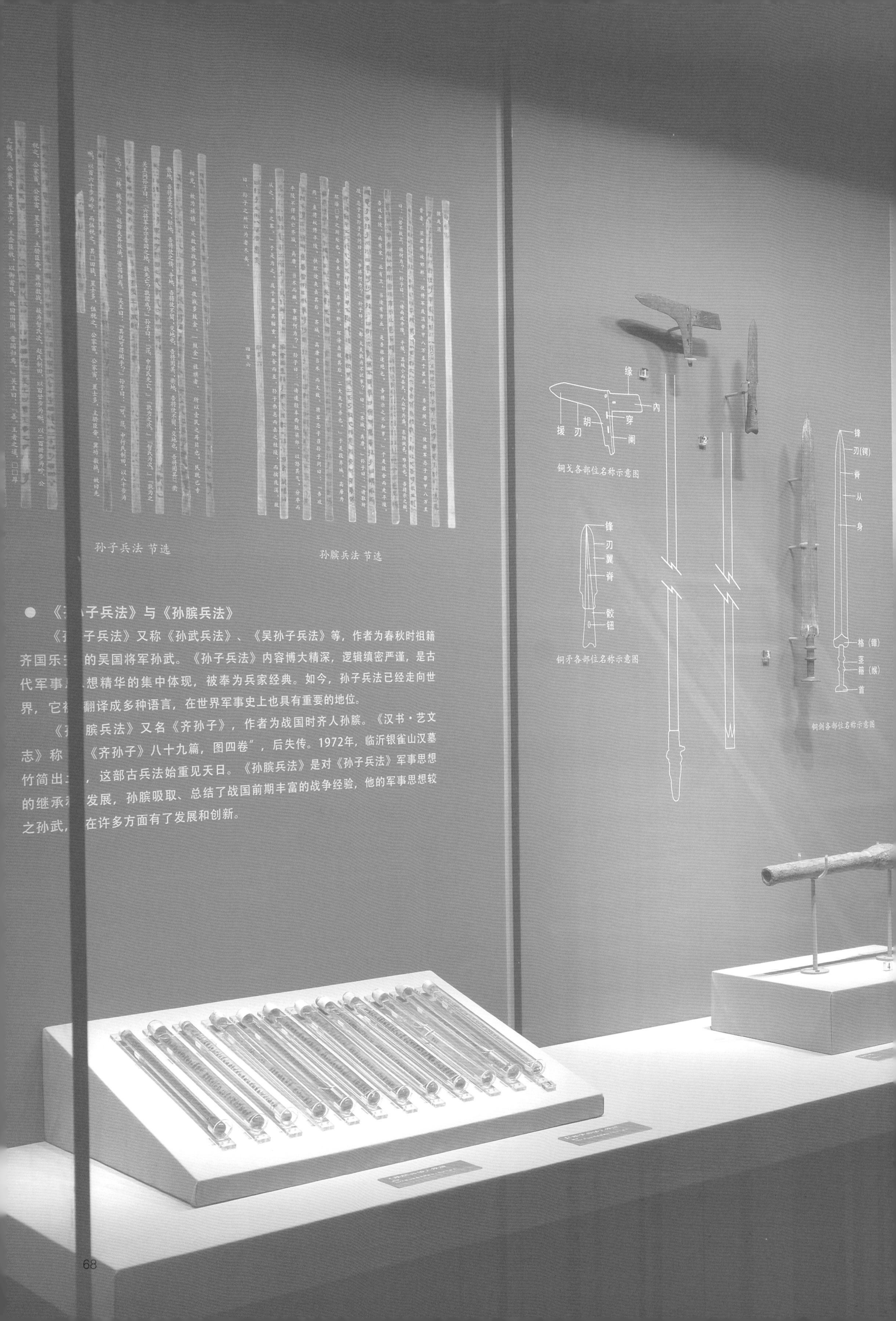

孙子兵法 节选

孙膑兵法 节选

● 《孙子兵法》与《孙膑兵法》

　　《孙子兵法》又称《孙武兵法》、《吴孙子兵法》等，作者为春秋时祖籍齐国乐安的吴国将军孙武。《孙子兵法》内容博大精深，逻辑缜密严谨，是古代军事思想精华的集中体现，被奉为兵家经典。如今，孙子兵法已经走向世界，它被翻译成多种语言，在世界军事史上也具有重要的地位。

　　《孙膑兵法》又名《齐孙子》，作者为战国时齐人孙膑。《汉书·艺文志》称"《齐孙子》八十九篇，图四卷"，后失传。1972年，临沂银雀山汉墓竹简出土，这部古兵法始重见天日。《孙膑兵法》是对《孙子兵法》军事思想的继承和发展，孙膑吸取、总结了战国前期丰富的战争经验，他的军事思想较之孙武，在许多方面有了发展和创新。

缘

内

援　刃

胡　穿

阑

铜戈各部位名称示意图

锋
刃
翼
脊

骹
钮

铜矛各部位名称示意图

锋
刃（锷）
脊
从
身

格（镡）

茎
箍（镄）
首

铜剑各部位名称示意图

● 虎符

虎符即兵符，是古代帝王调遣军队或授予臣□□权的凭证。古代虎符一般长约8—9厘米，非常小巧，易于藏匿。背□□□有铭文，分为两半，右半由帝王保存，左半发给领兵的将帅或地方□□□专符专用，一地一□时，并且调遣军队时，需要两符勘合验真才可发□□

汉玄兔太守虎符

兵学

齐鲁文化是中国古代文明的重要构成部分，它不仅诞生了影响深远的孔孟儒学，也孕育了灿烂夺目的兵学文化，在中国军事思想史上占有极其重要的地位。齐鲁大地自古以来，兵学著述，蔚为大观；兵家名将，宛若群星；兵戎相争，异彩纷呈。齐鲁地区底蕴厚重的齐鲁文化、雄厚的经济基础以及得天独厚的地理环境使得齐鲁兵学源远流长，"甲冠天下"。

兵家名将

　　齐鲁大地在几千年的历史进程中，先后涌现出了一批卓越的军事人才。这其中有辅佐武王灭商，建立周朝的姜太公，有著作永垂青史的军事理论家孙子，有创造"围魏救赵"战法的孙膑，有鞠躬尽瘁、死而后已的谋臣诸葛亮，有著名抗倭将领戚继光……不胜枚举。他们都在中华民族的历史上留下了浓墨重彩的一笔。

著名战役

　　齐鲁地区向来是历代兵家必争之地，无论春秋战国、楚汉争霸、三国争雄，还是两晋的八王之乱、南北朝并立，以及以后的宋元明清，齐鲁大地都发生了大大小小、不计其数的战役，血腥惨烈的战场已被历史的洪流冲刷，而先人在战争中激发出的智慧和谋略却永远镌刻青史。后发制人、以弱胜强的长勺之战，退避三舍、诱敌深入的城濮之战，使用减灶之计，成功伏击的马陵之战……至今仍被人津津乐道。

兵学典籍

　　中国历代见诸记载的兵书数不胜数，然而历经千年流传至今的少之又少，值得注意的是，像《六韬》《司马法》《孙子兵法》《孙膑兵法》《吴子兵法》《纪效新书》等著名的兵学典籍均出自山东，特别是《孙子兵法》更是被奉为"兵学圣典"。

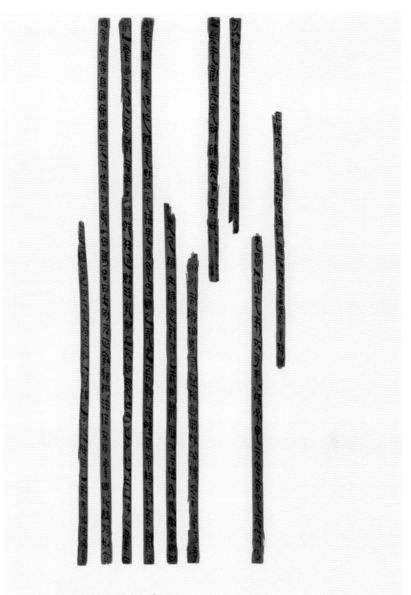

银雀山汉简《六韬》

释文：（节选）

[呜]呼！谋念哉！商王猛极秋罪不我舍。女尝助予务谋,……先昌。人道无灾,不可先谋。必见其央,又见其灾,乃可以谋。必见其外,又见其内,乃知其遂。必见……大兵无创,与鬼神通。美哉！与民人同德□利相死,同请相成,同恶相助,同好相趋。毋甲兵而胜……有愚色。维文维德,孰为之戒？弗观,恶知其极？今彼殷商,众口相惑。

银雀山汉简 《六韬》

西汉

最长 27.5、最宽 0.8 厘米

1972 年临沂银雀山 1 号汉墓出土

山东博物馆藏

/

《六韬》是中国古代一部著名的兵书，全书以太公（即吕尚、姜子牙）与文王、武王的对话的方式编成，分为文韬、武韬、龙韬、虎韬、豹韬和犬韬。从南宋开始，《六韬》一直被怀疑为伪书，银雀山汉简的出土，证明了传世《六韬》有所本。

相见，故为旌旗。是故昼战多旌旗，夜战多鼓金。[鼓金]旌旗者，所以壹民之耳目也。民既已专

散地，吾将壹其志，轻地，吾将使之偻，争地，吾将使不留，交地也，吾将固其，衢地，吾将使不留，交地也，吾将固其□衢

吴王问孙子曰：『六将军分守晋国之地，孰先亡？孰固成？』孙子曰：『范、中行氏先亡。』『孰为之次。』『智氏为次。』『孰为之

次？』『韩、魏为次。赵毋失其故法，晋国归焉。』吴王曰：『其说可得闻乎？』孙子曰：『可。范、中行氏制田，以八十步为

睕，以百六十步为畛，而伍税之。其□田狭，置士多，伍税之，公家富。公家富，置士多，主骄臣奢，冀功数战，故曰先

公家富，置士多，主骄臣奢

税之。公家富，置士多，主骄臣奢，冀功数战，故为智氏次。赵氏制田，以百廿步为睕，以二百卌步为畛，公

无税焉。公家贫，其置士少，主金臣收，以御富民，故曰固国。晋国归焉。』吴王曰：『善。王者之道，□□厚

爱其民者也。』

二百八十四

银雀山汉简《孙子兵法》

西汉

最长 27.5、最宽 0.8 厘米

1972 年临沂银雀山 1 号汉墓出土

山东博物馆藏

《孙子兵法》又称《孙武兵法》《吴孙子兵法》等，作者为春秋时祖籍齐国乐安的吴国将军孙武。《孙子兵法》内容博大精深，逻辑缜密严谨，是古代军事思想精华的集中体现，在世界军事史上也具有重要的地位。银雀山汉简《孙子兵法》共有简近三百枚，计两千六百多字，包括传世本十三篇及佚文五篇。

《孙膑兵法·擒庞涓》

《孙膑兵法·八阵》

擒庞涓

昔者，梁君将攻邯郸，使将军庞涓带甲八万至于茌丘。齐君闻之，使将军忌子带甲八万至

日：『若不教卫，将何为？』孙子曰：『请南攻平陵。平陵，其城小而县大，人众甲兵盛，东阳战邑，难攻也。吾将示之疑。

吾攻平陵，南有宋，北有卫，当途有市丘，是吾粮涂绝也。吾将示之不知事。』于是徙舍而走平陵。

陵，忌子召孙子而问曰：『事将何为？』孙子曰：『都大夫孰为不识事？』曰：『齐城、高唐。』孙子曰：『请取所

环涂□甲，本甲不断。事将何为？』孙子曰：『请道轻车西驰梁郊，以怒其气。分卒而

两，直将蚁傅平陵。挟环涂夹击其后，齐城、高唐当术而大败。将军忌子召孙子问曰：『吾攻

平陵不得而亡齐城、高唐，当术而厥。

从之，示之寡。庞子果弃其辎重，兼取舍而至。孙子弗息而击之桂陵，而擒庞涓。故

日，孙子之所以为者尽矣。

四百六

孙子曰：智，不足将兵，自恃也。勇，不足将兵，自广也。不知道，数战，不足将兵，幸也。夫安

万乘国，广万乘之民者，唯万乘之民命也。知道者，上知天之道，下知地之理，内得

其民之心，外知敌之情，阵则知八阵之经。见胜而战，弗见而诤。此王者之将也。

孙子曰：用八阵战者，因地之利，用八阵之宜。用阵三分，诲阵有锋，诲锋有后，皆待令而动。斗一，

守二，以一侵敌，以二收。敌弱以乱，先其选卒以乘之。敌强以治，先其下卒以诱之。车骑与战者，分

以为三，一在于右，一在于左，一在于后。易则多其车，险则多其骑，厄则多其弩。险易必知地，

死地，居生击死。

二百一十四（八阵）

西汉
最长 27.5、最宽 0.8 厘米
1972 年临沂银雀山 1 号汉墓出土
山东博物馆藏

银雀山汉简《孙膑兵法》

《孙膑兵法》又名《齐孙子》，作者为战国时齐人孙膑。《汉书·艺文志》称"《齐孙子》八十九篇，图四卷"，后失传。1972 年，临沂银雀山汉墓竹简出土，这部古兵法重见天日。《孙膑兵法》是对《孙子兵法》军事思想的继承和发展，孙膑吸取、总结了战国前期丰富的战争经验，他的军事思想较之孙武，在许多方面有了发展和创新。银雀山汉简《孙膑兵法》共整残简二百余枚，有《擒庞涓》《见成王》《陈忌问垒》等十六篇。

铜戈 周

长 19.2 厘米

临淄出土

山东博物馆藏

/

直内，有胡，援末阑侧三穿，上穿圆形，下
两穿长方形。内近阑处有一长方穿。

铜矛 周

长 20 厘米

滕州出土

山东博物馆藏

/

矛头较小，窄叶，束身，刃与中脊间有血槽，
骹中空，骹上有一系纽。

铜剑

战国
长 49 厘米
济南市无影山气象局东周墓出土
山东博物馆藏

/

前锋尖锐，中脊突起，两侧出刃。茎、腊间有倒凹字形格。圆茎，有凸箍两周。茎端有圆首。

战国
长 49 厘米
济南市无影山气象局东周墓出土
山东博物馆藏

虎钮铜錞于

汉

通高 44、上宽 27、下宽 17 厘米

潍坊出土

山东博物馆藏

/

椭圆体，呈上大下小状，顶平，周围有翻唇。顶中部一虎形纽，虎张口，作欲扑食状。下口较直。此为打击乐器。

铜
虎
符

晋

高 4.5、长 6.5 厘米

1959 年东平县须城出土

山东博物馆藏

/

虎符即兵符，是古代帝王调遣军队或授予臣子兵权的凭
证。古代虎符一般非常小巧，易于藏匿，背上刻有铭文，
分为两半，右半由帝王保存，左半发给领兵的将帅或地
方长官，并且专符专用，一地一符，而且调遣军队时，
需要两符勘合验真才可发兵。

攻 城 云 梯

第二部分

天工开物

快轮制陶工艺流程图

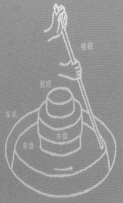

1、绞车盘   2、挤泥柱   3、推器底   4、拉坯

角板　　毛坯

5、修坯

制陶

第一单元·抟土成陶

距今大约一万年，世界各地先后出现制陶技术。陶器制作是人类第一次改变自然材料性质的创造，它的出现改善了人类的生活条件，标志着新石器时代的开端，在人类生产发展史上具有重大意义。

山东地区史前陶器目前发现最早的是距今一万年的沂源扁扁洞遗址出土的陶器碎片。山东大汶口文化出土的陶器以器形精美、陶色丰富而著称。龙山文化的蛋壳黑陶以"薄如纸、黑如漆、硬如瓷、亮如镜"的美誉达到中国史前制陶艺术的最高峰，被称为"四千年前，地球文明最精致之制作"。这些史前陶器彰显了山东古代先民们在生产、生活实践中的聪明智慧和无限创造力。

大口尊　大口尊是大汶口文化晚期的重器之一，皆出现在等级较高的大墓中。大口尊的上腹部有刻画图像，学者们认为这是中国汉字萌芽时期的产物，5000 年前的山东出现了文明的曙光。

迄今为止，发现的大口尊上面刻有 8 种类型 20 多个陶文单字，可分为气象、植物、工具等形体。大口尊的用途目前推测为酿酒，是史前山东人进行祭祀活动的反映，也是农业生产高度发展、粮食有了剩余，继而产生社会分化的重要标志，这种器物为探讨我国古代文明和汉字起源以及当时的祭祀有着独特意义。

陶鬶　陶鬶，水器，兼用于温酒。起源于大汶口文化中期，盛行于大汶口文化晚期和龙山文化阶段，是史前东夷人创造的一种造型别致的器物，既实用又美观。

东夷人以鸟为图腾，把自己喜爱的鬶做成各种各样的禽鸟形象，有的似展翅欲飞的鸟，有的似仰首高歌的雄鸡。其造型独特，姿态生动，是具有地方特色的典型器物，是陶器中集审美和实用于一体的杰作。

蛋壳陶

蛋壳陶是新石器时代龙山文化的典型代表，距今已有 4000 多年的历史，是中国古代制陶史上的巅峰之作。

蛋壳陶陶土选取河湖中沉积的细泥，经反复淘洗，所以陶质极为细腻。研究表明，蛋壳陶是用快轮制成，器型规整，器壁厚度均匀，一般在 0.5 毫米左右，最薄处仅有 0.2 毫米。

烧制的过程中采用封窑高温烟熏渗碳技术，烧成后对胎体进行反复摩擦，使得器表呈现出金属般的黑亮光泽。这些技术充分显示了龙山文化时期制陶工匠的高超水平。专家推断，当时用来制作蛋壳陶的快轮工具，应该是"世界上最早最精密的手工机械"。

1、1960 年采集于陵阳河遗址

2、1960 年采集于陵阳河遗址

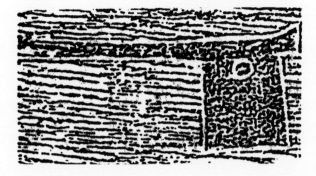

3、1960 年采集于陵阳河遗址

4、1976 年采集于陵阳河遗址

5、1960 年采集于陵阳河遗址

6、1979 年出土于陵阳河遗址 M25

7、1960 年采集于陵阳河遗址

8、1979 年出土于陵阳河遗址 M17

9、1979 年采集于大朱村遗址

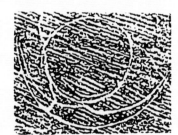

10、1985 年出土于大朱村遗址

11、1979 年出土于大朱村遗址 M26

12、1979 年出土于大朱村遗址 M17

13、1979 年出土于大朱村遗址 H1

新石器时代大汶口文化

高 21.6 厘米

1959 年泰安大汶口遗址出土

山东博物馆藏

/

夹砂红陶。通体磨光，遍施红色陶衣，光润亮泽。器形
圆面耸耳，拱鼻，张口，耳穿小孔，四肢粗壮，短尾上
翘，背装弧形提手，尾根部一筒形口，嘴可往外倒液体，
腹部鼓起加大了容积，四足立起可供加热。使用方便，
造型生动美观，集实用性与艺术性于一身，是大汶口文
化独有的器形 , 也是当时制陶业高度发达的体现。

花瓣纹彩陶钵

新石器时代大汶口文化

口径 18.6、腹径 27.8、高 11.2 厘米

1978 年泰安市大汶口遗址出土

山东省文物考古研究院藏

/

泥质红陶。色彩艳丽，图案醒目。陶钵把口和底都进行了大幅度内收，整体器形以器底为中心，极力向外扩张，给人一种离心旋转式的动感和力量的美感。

大汶口文化中期前后是海岱地区彩陶的鼎盛期。这一时期彩陶器数量增多，色彩丰富，做工精细，纹饰线条生动流畅，以自然界中植物的花叶纹样和菱形纹、网纹等为主，体现了古代先民崇尚自然，追求审美的生活情趣和巧夺天工的精湛技艺。

白陶三足盉

新石器时代大汶口文化

高 15.8 厘米

1959 年泰安大汶口遗址出土

山东博物馆藏

/

白陶是大汶口文化具有特色的陶器，用高岭土烧制而成，烧成温度达 1000℃
以上，制作技术要求高，难度大。烧成的陶器质地坚硬，施白色陶衣后，白
色净度高，体现了工匠高超的制陶技术。白陶烧制是陶瓷史上的一项重要成就，
为以后瓷器的制作奠定了技术基础，作为较早使用高岭土烧制而成的器物，
被一些学者认作是原始瓷器的发端，看作中国瓷器的"先祖"。

新石器时代龙山文化

高 29.3 厘米

1960 年潍坊姚官庄遗址出土

山东博物馆藏

/

细砂陶，质坚硬，长流高颈，椭圆形长腹，三袋足支撑器身，颈腹之间连接细绳式鋬。腹部饰两
周凸弦纹及盲鼻，颈腹部及鋬均匀间隔乳丁纹。整器规整匀称，造型美观，似一只昂首伸喙的立鸟，
是龙山文化的典型器，亦是陶鬶中的精品之作。

新石器时代龙山文化

高 44 厘米

1960 年潍坊姚官庄遗址出土

山东博物馆藏

/

造型优美，姿态生动，制作规整，是黄河下游龙山文化
的实用器皿，也是富有地方特色的陶塑艺术品。

新石器时代龙山文化

高 44 厘米

1960 年潍坊姚官庄遗址出土

山东博物馆藏

/

鸟喙足黑陶鼎

新石器时代龙山文化

口径 26、高 18.5 厘米

1960 年潍坊姚官庄遗址出土

山东博物馆藏

/

胎中夹细砂，外施黑陶衣，器表黑漆光亮。器身为盆形，大平底增加了
受热的面积，方便实用。下附三个鸟喙状足，鸟喙足陶鼎是山东龙山文
化的典型器物。体现了东夷部族以鸟为图腾的地域特色。

蛋壳陶高柄杯

新石器时代龙山文化

高 26.5、口径 9.4 厘米

1973 年日照东海峪遗址出土

山东省文物考古研究院藏

新石器时代龙山文化

口径 8.8、底径 4.8、柄长 8.5、高 22 厘米

1972 年临沂大范庄遗址出土

山东博物馆藏

/

器壁薄如蛋壳，杯体修长，杯身饰以戳印

镂孔，是龙山文化黑陶艺术中的精品。

蛋壳黑陶杯

新石器时代龙山文化

口径 11.9、高 17 厘米

1960 年潍坊姚官庄遗址出土

山东博物馆藏

/

器柄制成短密的竹节状，不仅遮去了粗壮器柄的笨拙，还从视
觉上给人一种端庄稳重的感觉。这种造型既解决了头重脚轻的
问题，又不失精致，是蛋壳黑陶杯中的精品。

冶炼

第二单元·烁石成金

冶炼术是古代手工业中的重要技术。早期的冶炼技术凝结了古人智慧的结晶，是科技生产力的重要体现。山东自龙山文化时期已有铜器出现，夏商周时期山东地区的青铜铸造已经由原始逐渐发展，到春秋战国时期达到高峰。春秋战国时期，山东古代劳动人民在铸铜技术的基础上掌握了冶铁技术，推动山东在秦汉时期成为古代重要的冶铁中心，并在此基础上掌握了炼钢技术。临沂苍山汉墓出土了东汉永初六年（112年）的钢刀，名为"卅炼钢刀"，是目前中国最早的百炼钢之一。金银冶炼方面，山东是我国第一产金大省，隋唐时期莱州即已开采金矿，宋代改进了淘金技术，山东登、莱两州黄金产量曾占全国总产量的89%，居全国之冠。

铸铜术

中国古代最初使用自然铜，商代早期已能用火法炼制铜锡合金的青铜，早期冶铜和铸铜工艺技术是冶陶制陶工艺的延续。齐国官书《考工记》中记载着青铜冶炼的六种工艺配方。攻金（铜器铸造）之工六：筑、冶、凫、栗、段、桃。书中提出"金有六齐（剂）"，即六种不同成分的金锡配方比例以及它们的不同用途。当时人们已经总结出这套配方比例规则，用来铸造各种青铜器，保证了青铜器的质量。

金矿开采

山东是我国产金大省，黄金产量为全国之冠。隋唐时期，山东莱州等地已经开始开采金矿，宋代采金业发达，山东成为著名的黄金产区。南宋吴曾《能改斋漫录》："登、莱州产金，自太宗时已有之，然尚少，至皇祐中，始大发，四方游民，废农桑来掘地采之，有重二十两为块者，取之不竭，县官榷买，岁课三千两。"元丰元年（1078年），北宋金矿分布在全国的25州中，年共产金10710两，而登莱两州则产9573两，约占全国总量的89%。

鼓 风 机

亚
醜
钺

商

长 32.7、宽 34.5 厘米

1965 年青州苏埠屯一号墓出土

山东博物馆藏

/

钺是古代的兵器或刑具，也是一种礼器，是权利的象征。器身透雕人面纹，环目阔嘴，神色威严。口部两侧铸铭"亚醜"，是部族的族徽。亚醜钺巨大而精美，无论从造型还是从体量看，都是难得一见的珍品。

举方鼎

商

高 23、口长 16、宽 14.2 厘米

1957 年长清小屯出土

山东博物馆藏

/

器型厚重，纹饰精美。器口沿下饰夔纹，腹饰兽面纹，足饰阴线蝉纹。腹内壁铸铭文，是山东境内发现的十分精美的晚商铜鼎。

启卣 西周

高 22.7 厘米

1969 年龙口归城小刘庄出土

山东博物馆藏

/

西周早期周昭王时期的作品。启是周王朝在龙口归城一带的地方领主，
他跟随周天子南征楚国，为纪念此事做启卣。

陈侯壶盖铭文

陈侯壶器内铭文

陈
侯
壶

春秋

高 50.5 厘米

1963 年肥城小王庄出土

山东博物馆藏

/

一对。壶颈两侧附象首套环耳，象鼻上扬。盖、颈、足饰弦纹。器盖对铭，各铸铭
文 13 字。"陈"位于河南东部，为周时中原大国，后内乱不断，被楚国所灭。"櫰"
是陈侯女儿的名字，"媵壶"是指陪嫁的壶。该壶出土于肥城，属于当时的铸国，
是陈国和铸国联姻的物证。

错金银镶绿松石镜

战国

直径 29.8、厚 0.7 厘米

1963 年临淄齐故城商王庄出土

山东博物馆藏

/

背部以金银丝和绿松石镶嵌出云纹图案。九枚银质乳丁安排在穿过镜心
的四条等分线上，金、银、绿松石互相辉映，华丽无比。

「关内侯印」金印

东汉

高 2、印面边长 2.5 厘米

征集

山东博物馆藏

金
环

汉

直径 1.9 厘米

征集

山东博物馆藏

金
砖

汉

长 3、宽 1.4、厚 0.4 厘米（左）

长 3.2、宽 1.1、厚 0.4 厘米（右）

征集

山东博物馆藏

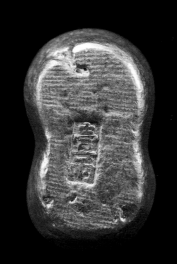

金锭　清
长 2.2、宽 1.3 厘米（上图为正面，下图为背面）
山东博物馆藏

【山东地区出土的纺织品】

汉画像石中的纺织图，
形象有了具体的认知，图中
织造的纺织生产过程。

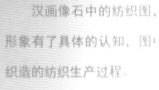

纺织

对汉代纺织工具的

⋯⋯各丝 —摇纬—

【 纺

纺纱是

程。中国最

分，山东⋯

时主要的纺

我国⋯

汉代刘⋯

图，此图⋯

可见到手⋯

作，一直⋯

中国的纺⋯

汉画像⋯

元时期斜织⋯

本相同。汉⋯

多种丝织品⋯

中国是世界上最早养蚕和生产丝织物的国家，蚕桑丝绸是中国古代重要的发明创造之一。古代山东地理位置优越，气候温和，适宜出产葛麻等纺织原料，也是我国桑蚕丝绸生产的发源地之一。从春秋战国的"齐纨鲁缟"到汉代的三大纺织中心，山东一度在中国古代纺织业中占据重要地位，为中国古代纺织业的发展做出了独特贡献。

丝织业

春秋战国时期，山东以齐、鲁两个诸侯国为主，丝织业非常发达，在全国占重要地位，"齐纨鲁缟"誉满天下。

齐国在西周建国之初，因地制宜，制定一系列政策发展工商业，纺织业随之发展起来，以致织作"冰纨绮绣纯丽之物"，号为"冠带衣履天下"，临淄成为当时最大的纺织中心，齐国丝织品美名远播。鲁国同样具有发达的桑蚕丝绸业，生产的丝织物"缟"以轻薄取胜，名闻全国。唐朝诗人杜甫曾经用"齐纨鲁缟车班班，男耕女织不相失"描绘其纺织业盛况。

《考工记》是记载齐国手工业技术的官方书籍，其中有负责画绘染织工艺的"设色之工"，分工非常细致，包括画、缋、钟、幌（mǎng）、筐等5个方法，详细描述了当时高超的织物练染技术。

两汉时期，随着国家政治上的统一，经济得到很大发展。山东纺织业在春秋战国时期齐鲁纺织业发达的基础上，继续保持领先地位，已经形成完备的技术体系，织品品种和花色更加丰富。临淄、定陶、亢父（济宁）是汉代三大纺织中心。西汉在齐郡临淄设有"三服官"，专为皇室制作冰纨、方空縠（hú）、吹絮纶等精美的丝织品。《汉书·元帝纪》："齐国旧有三服之官，春献冠帻（zé，古代的头巾）縰（xǐ，束发的布帛）为首服，纨素为冬服，轻绡为夏服"。汉元帝时御史大夫贡禹曾说："故时齐三服官，输物不过十笥（竹制容器），方今作工各数千人，一岁费数巨万……三工官费五千万，东西织室亦然。"

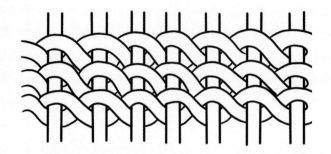

| 1 | 2 | 3 | 4 | 5 | 6 | 7 | 8 |
| I | II | III | IV | V | VI | VII | VIII |

齐国临淄郎家庄一号东周殉人墓出土的丝织品示意图

1971 年 12 月至 1972 年 5 月，山东博物馆对临淄郎家庄一号东周殉人墓进行发掘，该墓出土丝织品、丝编织物等遗物残片。

织锦密度为经线每厘米 112 根，纬线每厘米 32 根。

上：丝编织物　下：两色织锦

铜
镜　商

直径 7.9 厘米

青州苏埠屯出土

山东博物馆藏

/

上面有包裹织物留下的残痕

玛瑙环系带

战国

总长 21、最宽处 13.6 厘米

捐赠

山东博物馆藏

内衬绢底皮履

战国
长 21、最宽处 7.5、最高处 4.5 厘米
捐赠
山东博物馆藏

内
衬
毛
底
皮
履

战国

长 21、最宽处 8、最高处 4.9 厘米

捐赠

山东博物馆藏

红色绢地刺绣残片

战国

长 52、宽 13.6 厘米

山东博物馆藏

/

山东博物馆收藏有一批临淄地区出土的战国晚期丝织品，其中有一片尺寸较大的红色绢（残长 44.5 厘米，最宽处 33.5 厘米）。绢的表面缀有正反三角形和梯形的绢片，绢片以外的区域有大量刺绣的痕迹。

表面的绢片是由深褐色绣线缝在红色绢上。绣线 Z 捻，每股由两根丝线捻合而成。

这批丝织品精美的制造工艺和刺绣工艺在山东地区实为罕见，对研究战国时期齐鲁地区的纺织技术、审美观念等有着重要的艺术价值和科学价值。

（徐军平：《几件战国时期纺织品的分析研究——记山东博物馆收藏的战国晚期纺织品》，《山东博物馆辑刊（2016 年）》，文物出版社，2017 年。）

多色拼接（刺绣镶边）
百褶衣料

战国
长 136、宽 71 厘米
临淄出土
山东博物馆藏

绣蟠螭纹绢残片

战国

最长 41、最宽 21 厘米

临淄齐故城大夫观一号墓

山东省文物考古研究院藏

锦提花残片

战国

最长 28、最宽 14.5 厘米

临淄齐故城大夫观一号墓

山东省文物考古研究院藏

金雀山汉墓出土帛画

汉

纵 158.5、横 73.5 厘米

山东博物馆藏

/

1976 年，临沂金雀山汉墓群出土彩绘帛画，是继长沙
马王堆汉墓之后在长江以北首次发现，说明在西汉时期，
山东丝织、染色印花技术非常精湛。

画面共绘人物 24 个，分为天界、人间、地下三部分。

2002年春，山东日照海曲汉代遗址出土文物1200余件，包括一批刺绣丝织品。其中125号墓葬的北棺中覆盖于死者身上的丝织品最为珍贵，这件丝织品长2.6、宽0.96米，一侧有精致的花草和云气纹刺绣，图案制作非常精美。这是山东地区迄今发现保存最好的汉代丝织品，反映了山东汉代发达的丝织技术。

桑树种植 桑蚕丝绸业的发展与采桑养蚕关系密切，其中最重要的是桑树栽培技术的发展。古代山东地区优良的地理位置和气候环境非常适宜桑麻的生长，《禹贡》："济河惟兖州……桑土既蚕……"《史记·货殖列传》："齐带山海，膏壤千里，宜桑麻，人民多文采，布帛渔盐。""邹鲁滨洙泗……颇有桑麻之业"。《汉书·殖货传》："齐鲁千亩桑麻"。

在长期的劳动实践中，人们总结经验，培植出更加优良的低干桑品种——鲁桑。鲁桑也称为地桑，枝条粗长，叶卵圆形，肉厚而富光泽，营养丰富。一般认为，鲁桑是汉代以前山东人民培育出的桑树品种，是古代桑树中的优秀品种。北魏贾思勰《齐民要术·种桑柘》载"谚曰：'鲁桑百，丰锦帛。'言其桑好，功省用多。"这些优质的桑树品种为古代山东丝织业的发达提供了必要条件。

《金石索》"秋胡节妇"

山东嘉祥武氏祠上的列女故事"秋胡洁妇"，其中描画了当时桑树的影像。画面上有一株桑树，枝叶繁茂，女性位于树旁，手执钩，勾住树叶，正在采桑叶，钩下放置一条编篓。桑树的高矮和人差不多，应为人工培植的鲁桑。此原石已经模糊不清，清代冯云鹏、冯云鹓编著《金石索》收录了这一图像的木版摹刻。

123

棉织品

中国的棉花由外国引进，引进时间尚无定论。引进路线有三条：一是由印度经东南亚传入中国南部沿海，二是由印度经过缅甸传入中国云南，三是从非洲经中亚传入新疆地区。棉花较之桑蚕有许多优点，如"无采养之劳""不茧而絮"等，宋元时期棉花种植已较普遍，棉布逐渐成为最重要的纺织原料，山东地区棉纺织业十分普及。

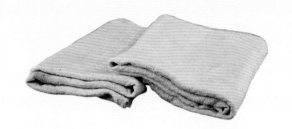

1974年，山东嘉祥县元代曹元用墓出土了一件棉织锦。曹元用（1268～1330年），为元代礼部尚书兼经筵官，是蒙元王朝典章制度的策划制定者之一。本件织锦长177、宽67厘米，是完整单幅，底线为白色，提花线呈淡黄色，双经单纬，每平方厘米用经16、纬10根棉纱织成，纬线提花。织锦下为双幅棉布托衬，接线处用线缝合，麻布每平方厘米经16、纬18根。本件织锦韧性强，具有柔软厚重的感觉，花纹简洁大方，是较早的华贵棉织品。
（山东省济宁市博物馆收藏）

紫红格纹棉布单

明

长 297、宽约 101 厘米

1971 年邹城明鲁王朱檀墓出土

织物密度：经线每厘米 22 根，纬线每厘米 22 根

山东博物馆藏

纺织工具

纺轮

纺锤是纺纱工具，将松散的纤维合成线条拉长拉细并加捻成纱的过程叫纺纱。纺轮是纺锤的组成部分，六千多年前的山东大汶口文化遗址曾出土大量的纺轮，说明当时纺织活动已经普遍存在。

骨针

骨针是最原始的缝纫工具，出现于旧石器时代，用于动物皮毛和植物叶茎的缝缀。山东泰安大汶口文化遗址出土的骨针达 20 枚，其中最长的有 18.2 厘米，粗者有 7 毫米，最细者仅有 1 毫米，做工精细，在一定程度上反映出史前山东地区缝纫技术已经达到比较高的水平。

纺车

我国的纺车大约出现在春秋战国时期，相传东晋画家顾恺之根据汉代刘向《列女传·鲁寡陶婴》中的一段记载为其画了一幅纺车图，原图虽然遗失，但后人多有摹本，因此纺车图样保存了下来，此图被视为中国最早的脚踏三锭纺车图。许多汉代画像石中可见到手摇纺车的形象。手摇纺车由于结构简单，易于操作，一直流传至今。13 世纪左右，欧洲才出现单锭纺车，比中国的纺车晚了 1000 多年。

纺织机

汉画像石上常见的斜织机，是目前所见最早的织机图像。宋元时期斜织机已完全定型，形制与近现代农村使用的织机基本相同。汉代已经开始使用提花织机，能织锦、绮、文罗等多种丝织品。

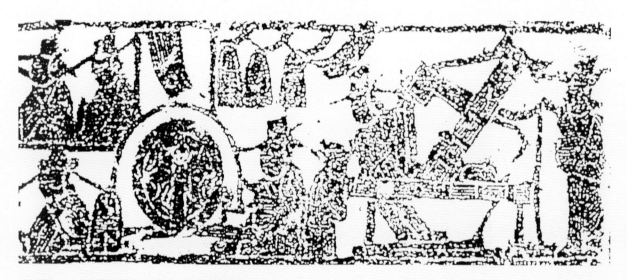

纺织图像——山东滕州造纸厂祠堂出土东汉时期画像石拓片

纺车图

"鲁陶门之女也。少寡，养幼孤，无强昆弟，纺绩为产。鲁人或闻其义，将求焉。婴闻之，恐不得免，作歌，明己之不更二也。"此是刘向《列女传·鲁寡陶婴》中一段记载。描述一位鲁国年轻故寡妇，叫陶婴，追求者甚众，但陶婴矢志不渝，拒绝改嫁，独自以"纺绩养子"，被传为佳话。相传东晋大画家顾恺之为其画一幅纺车图，原图虽然遗失，但后人多有摹本，故纺车图样保存了下来。此图被视为中国最早的脚踏三锭纺车图。（孙机：《中国古代物质文化》，中华书局，2015 年。）

金雀山汉墓帛画局部

帛画内容是纺绩场面，一位妇女操作一辆纺车，右手用力运转，左手上扬抽纱……画中纺车的结构基本使用方法，与近代民间使用的木质纺车极其相似。

山东地区汉画像石上的织机图像

（山东博物馆　王晓晨描摹）

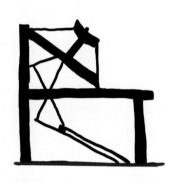

滕州宏道院

滕州龙阳店

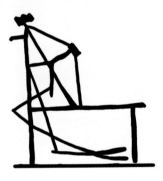

嘉祥武氏祠

长清孝堂山

多人纺织图像——山东滕州龙阳店出土东汉时期画像石拓片

汉画像石中的纺织图，使我们对汉代纺织工具的形象有了具体的认知。

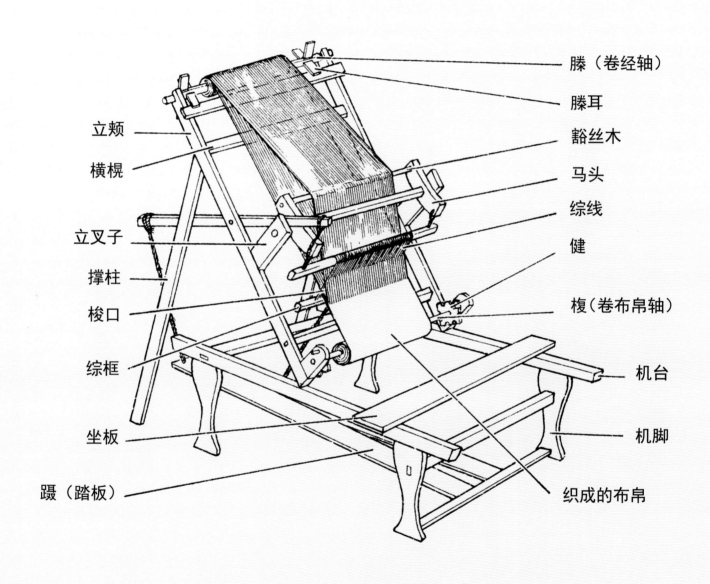

滕（卷经轴）

滕耳

豁丝木

马头

综线

健

梭（卷布帛轴）

立颊

横棍

立叉子

撑柱

梭口

综框

坐板

踅（踏板）

机台

机脚

织成的布帛

汉代单综织机复原图（孙机：《中国古代物质文化》，中华书局，2015 年）

汉代《列女传·鲁季敬姜传》中曾提及八种织机部件的名称和功用，是研究中国纺织机具史不可或缺的史料。后人根据其描述复原成双轴织机，称为鲁机。有资料显示，这种类型的织机一直到唐代仍在使用。

各家关于"敬姜说织"机具考释一览表

原文	孙毓棠说	陈维稷说	邹景衡说	夏鼐说	赵丰说
樀（dī）	经轴	卷经轴	经轴	卷经轴	经轴
均	理经之筘（kòu）	定幅筘	数线	分经木	分经木
综	综	综杆	梭	综	综
梱（kǔn）	打纬之筘	引纬打纬具	综絖（kuàng）	打纬刀	开口杆
画	边线	边线	筘		筘
幅	机头	幅宽	幅撑		幅撑
轴	卷轴	卷布辊（gǔn）	卷轴	卷布轴	卷轴
物	拔箸之类	拔箸之类	轫或交杆	梳丝之杓（jìn）	棕刷

（赵丰《"敬姜说织"与双轴织机》，《中国科技史料》1991年第1期）

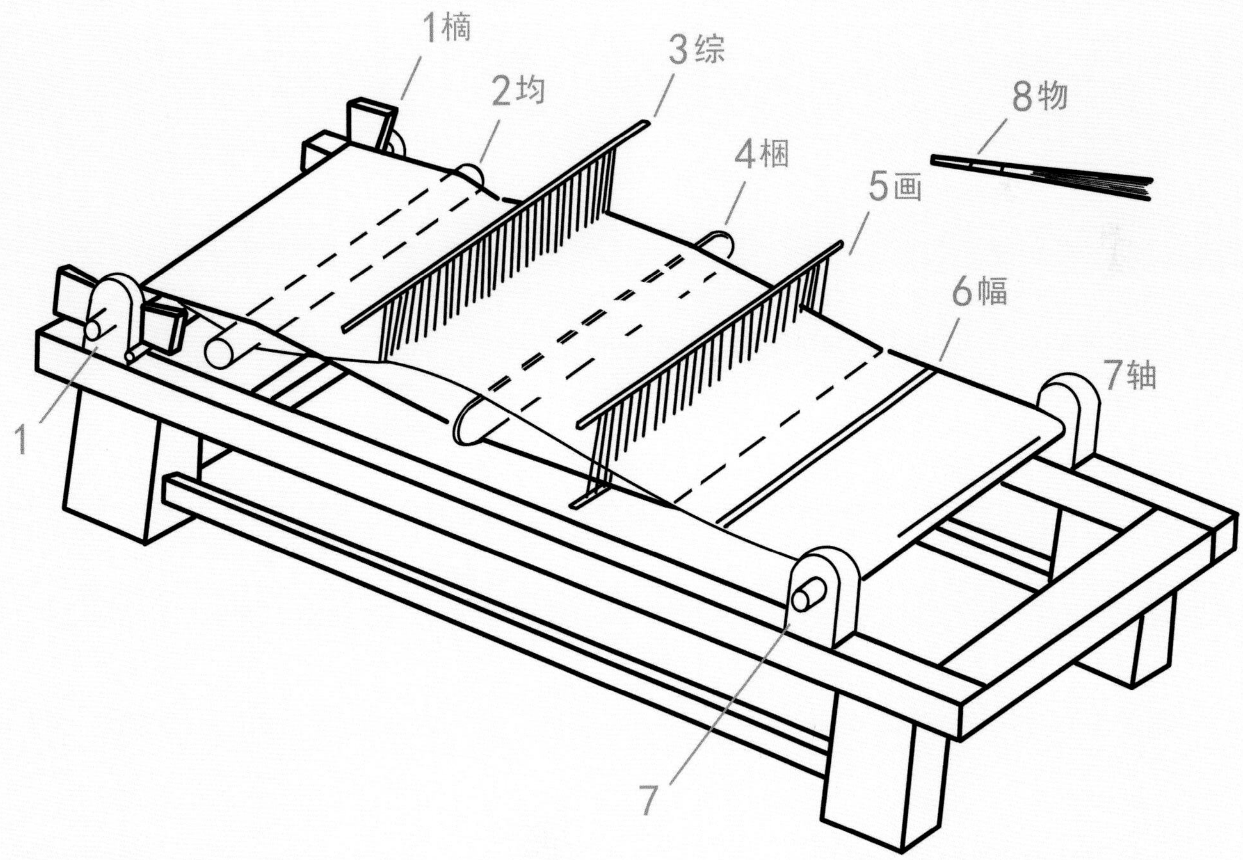

双轴鲁机复原图

本图根据赵丰先生的考释绘制。

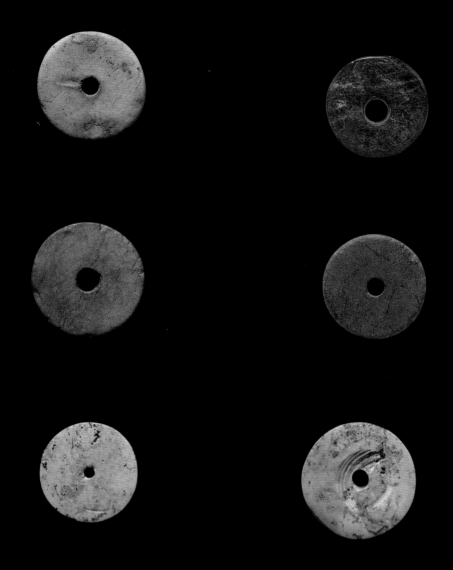

石
纺
轮

新石器时代大汶口文化

直径 5.2、厚 0.7 厘米

1959 年泰安大汶口遗址出土

山东博物馆藏

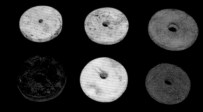

骨针（带骨针筒）

新石器时代大汶口文化
管长 9.5、针长最长 8.1 厘米
1959 年泰安大汶口遗址出土
山东博物馆藏

骨针（带骨针筒）

新石器时代大汶口文化
管长 9.5、针长最长 8.1 厘米
1959 年泰安大汶口遗址出土
山东博物馆藏

布纹底灰陶杯

新石器时代大汶口文化

口径 5.2、底径 4.5、高 7.6 厘米

1959 年泰安大汶口遗址出土

山东博物馆藏

鲁锦

　　漫长的岁月流转，纺织技术世代相传，善于精工细做的山东鲁西南人将传统的葛、麻、丝、织绣工艺糅合在一起，创造出极具地方特色的棉纺织手工艺——鲁锦。

　　鲁锦是山东民间纯棉手工纺织品，以棉花为主要原料，手工织线，手工染色，手工织造，色彩斑斓，似锦似绣，故而称为"鲁锦"。

　　鲁锦主要分布在山东省济宁、菏泽等地区。心灵手巧的山东织工不断在实践中创新和改进着鲁锦的织造工艺，逐渐形成了现代鲁锦集提花、打花、砍花和包花工艺于一体，浑厚中见艳丽、粗犷中见精细的独特风格。鲁锦的纹样既有传统古老类似图腾的纹样，也有富有时代气息的图案。

　　鲁锦的染色大都就地取材，诸如红、绿、黄、蓝、紫、青、黑等，形成古朴典雅的色彩，通过不同色纱交织组成各种浓淡、大小不同的色块。

　　这些色彩斑斓，图案丰富的织品，不仅体现了山东织工高超的织锦技艺，还展现出她们诗一般的美好心境。

　　（资料来源：山东艺术学院 王大海）

经线

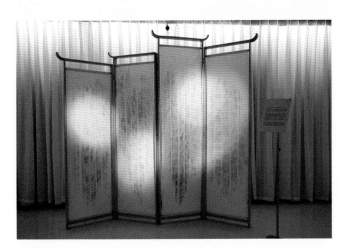

鲁锦作品－鲁锦手纺、手染、手织彩墨屏风

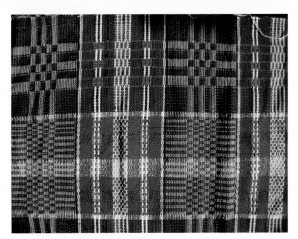

鲁锦纹样－窗户梭子挂灯纱

上梭

鲁绣

东汉王充《论衡·程材》记"齐部世刺绣，恒女无不能"，是夸赞齐地丝绸刺绣工艺发达，绣女心灵手巧。

鲁绣也称为衣线绣，是山东传统的刺绣工艺，为中国"八大名绣"之一。鲁绣多以暗花织物作底衬，以彩色强捻双股衣线为绣线，绣制民间喜闻乐见的题材内容。绣品不仅有服饰用品，也有观赏性的书画艺术品。

鲁绣历史悠久，但是秦汉以后文献很少记载。山东邹城元代李裕庵墓出土了5件刺绣服饰，绣工精致，代表了当时鲁绣工艺的高超水平。如今鲁绣不断创新，产品远销国外，成为山东丝织业工艺名牌产品。

鲁绣深棕色菱形暗花绸地山水人物女裙带

元

长 155、宽 5 厘米

1975 年邹县李裕庵墓出土

邹城博物馆藏

/

裙带用绫和罗两种面料，

缝制，绣工精细，是鲁绣中的精品

裙带花纹摹本

元代李裕庵墓出土纺织品

1975 年，山东邹县李裕庵墓出土的带有刺绣的丝织品，具有较典型的"鲁绣"特点，花纹整齐繁杂，质地细密坚实，根据衣物不同花色内容，还采用了辫绣、平绣、网绣、打籽绣等多种绣法。针线细密，整齐匀称，反映出当时绣工的高超技艺。

鲁绣棕色杂宝云纹绫
交领女夹袍

元

身长115，通袖长180，腰宽52厘米

1975年邹县李裕庵墓出土

邹城博物馆藏

鲁绣土黄色
绫地绣花女鞋

元

底长20、高5厘米

1975年邹县李裕庵墓出土

邹城博物馆藏

鲁绣《芙蓉鸳鸯图》轴

明

高 140、宽 51 厘米

故宫博物院藏

图轴以浅色暗花缎为底料，用五彩双股合捻衣线绣花。其中包含"撒和针""打子针""缠针""辫子股针"等针法，色彩鲜艳，针法粗犷。鸳鸯形象生动，花纹苍劲有力，富于立体感，体现了鲁绣朴实浑厚的风格，是传世鲁绣中的珍品。

发丝绣毛驴图挂屏

纵 20、横 20 厘米

山东博物馆藏

发丝绣源于唐宋时期，是用经过加工处理后的
人发代替绣线，或者与绣线结合使用，进行刺
绣的工艺美术品。山东济南刺绣厂的发丝绣工
艺精湛，广受赞赏。

明代

长263、纵29.2厘米

绢本彩绘

山东博物馆藏

夏厚摹《宋人纺织图》卷。绢本设色，款识：万历乙酉
仲秋之吉日，维扬夏厚重摹。钤印：夏烟林（朱文）。
其人物神态生动，机具结构严谨，后面三十余位仕女劳
作程序井然，屋舍机具工整。

夏 厚 摹
《宋人纺织图》

建筑

第四单元·神工意匠

建筑是人类活动的载体，也是历史文化的结晶。中国建筑从先民选择土木开始，历史悠久，一脉相承，自成体系。木构房屋是其主流，为此先民们陆续发明了木构建筑特有的榫卯结构和斗拱，为保护屋面而发明了陶瓦，为铺设地面而发明了铺地砖，为保护墙面而发明了护坡和散水。在漫长的历史岁月中，随着社会的发展，山东地区形成了数量众多、风格多样、特色鲜明的古代建筑。

章丘焦家遗址——大汶口文化时期的古城

　　距今约5000年，章丘焦家大汶口人建立了东方最早的方国，已经开始筑城挖壕沟，房屋分区，朝向也有规划，初步具备了城的功能。2016年至2017年，考古发掘共发现104处房址，呈现了5000年前济南先民的"住房条件"。这些房子基本都是十二三平方米，房子成排，其中有一个时间段的房子全部朝南，有一个时间段的房子有的朝北，有的朝东，还有的朝西，30%左右的房址都有明显的灶址。房址遗迹的类型包括半地穴式房址和地面式房址，其中地面式房址又包括基槽式的单间、双间以及三间。房子有台阶和门道。

　　已有的考古发掘表明，焦家遗址面积超过100万平方米，规模超大，"是鲁北地区迄今所知面积最大的大汶口文化聚落"。

焦家遗址房址遗迹

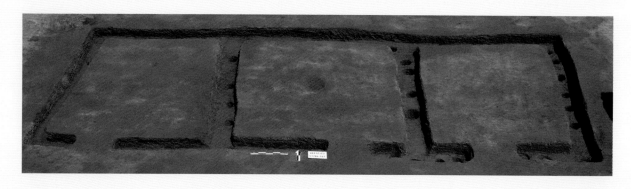

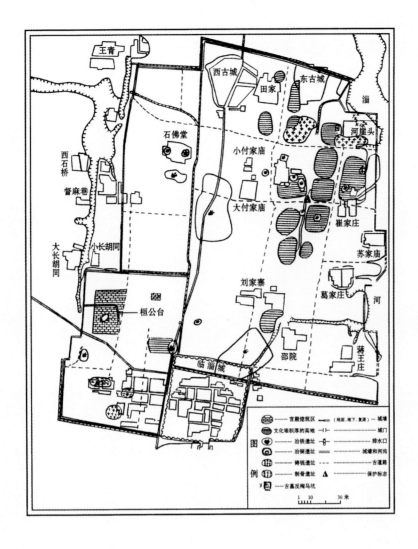

临淄齐国故城遗址平面图

齐都临淄——战国时期著名的城市

战国时期，由于"礼崩乐坏"导致诸侯争霸，城市和城防设施得到了空前的发展。山东地区的诸侯国齐鲁的都城——临淄和曲阜成为著名的都市。建筑技术在此背景下快速发展，虽然时代久远，木构宫殿难以留存，史籍上却记载了当时宫殿的壮丽。

《史记·苏秦列传》："临菑甚富而实，其民无不吹竽鼓瑟，弹琴击筑，斗鸡走狗，六博蹹鞠者。临菑之涂，车毂击，人肩摩，连衽成帷，举袂成幕，挥汗成雨，家殷人足，志高气扬。"

《史记·苏秦列传》："临菑之中七万户。"

齐故城排水系统的布局，是古人根据城内南高北低的自然地势，经过周密的设计和科学的安排而建造的。

现已探明齐故城有三大排水系统，四处排水道口。其中，小城排水系统在西北部，自"桓公台"东南方向起，经"桓公台"的东部和北部，通过西墙下的排水口，流入系水。大城内排水系统有两条，其一在大城东北部，沿东墙北流，通过东墙下的排水口注入淄河。其二位于西部，由一条南北和东西河道组成，此处的排水道口已于1980年发掘清理，东西长43米，南北宽7米，深3米，用天然巨石垒砌而成，水口分上下三层，每层5个方形水孔，孔内石块交错排列，水经孔内间隙流出，人却不能通过。这种既能排水又能御敌的科学建筑，为世界同时代古城排水系统建筑史上所罕见。

遗址出土的瓦当 1　　　　　遗址出土的瓦当 2

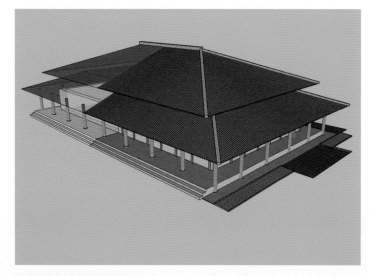

根据建筑遗址想象复原的效果图

汉代东平陵城——老济南所在地

　　战国秦汉时期，中国城市建设进入大发展期，建筑材料如砖、瓦和下水管逐渐走向模式化，铁制工具的广泛使用促进了建筑工艺的进步，中国建筑的结构体系和建筑形式的一些特点在汉代基本形成。

　　在章丘东平陵城的考古发掘中，发现一处大型夯土建筑基址，编号为一号建筑基址。该建筑位于东平陵城内正中偏北处，目前只发掘了一号建筑基址的东半部，是一处宫殿或官署建筑遗址。经钻探，一号建筑夯土基址未发掘部分向西延伸约 25 米多。从发掘及钻探情况看，该建筑基址东西总长在 50 米以上，南北宽 30 米，不包括室外散水部分。夯土台基外围散水保存较好，与散水连接的地面廊道尚存部分铺地砖。此外，部分檐柱尽管柱础已被移走或破坏，但柱础扰动后的痕迹尚存，由此大体可复原出该建筑的基本结构。从发现的大量的瓦片堆积，以及瓦当、钱纹空心砖等分析，一号建筑基址始建年代大约为西汉中晚期，东汉时期仍沿用。

宫殿或官署建筑遗址发掘现场

神通寺四门塔——我国现存最早的单层石佛塔

四门塔原属神通寺，位于山东济南历城区柳埠镇，是中国现存唯一的隋代石塔，也是现存最早的单层亭阁式石塔。

四门塔建于隋大业七年（611年），为单层攒尖顶方塔，用矩形块石、条石垒砌而成。塔身高15.04米，面阔7.38米，外壁厚0.8米，四面各开一半圆形拱门，被称为"四门塔"。塔内有方约2.3米的塔心柱，与外壁形成宽约1.7米的回廊。塔身外部在墙顶上用石板挑出5层反叠涩，最上一层即为檐口。檐口以上为石板砌成的22层叠涩顶，逐层内收，形成四角攒尖塔顶，顶上砌石须弥座，四角装蕉叶形石座，中心立五层塔刹。塔内以两层反叠涩缩小跨度，上架16道三角形石梁，其上架石板，形成人字形屋顶。整个塔形体雄伟浑厚，线条简洁朴拙，是我国单层塔的早期范例。

四门塔全景

齐长城——我国现存最早的长城

齐长城位于山东省境内。始建于春秋时期，完成于战国时期，历时170多年筑成，迄今已有2600多年的历史。它西起黄河（古济水）东畔，东至黄海（胶州湾）之滨，将黄河、泰山、黄海连成一线，并在险要处设置关隘、修筑城堡、营建兵营、建造烽燧，构成了完整的军事防御体系，是目前中国现存有准确遗迹可考、保存状况较好、年代最早的古代长城。

齐长城是春秋战国各国所筑长城中现遗迹保存较多的一处，它建筑在泰沂山脉的山岭、平谷之中，西起平阴，经长清、肥城、泰安、济南、章丘、莱芜、博山、淄川、临朐、沂源、沂水、安丘、莒县、五莲至胶南入海。齐长城的修建凝聚着2500年前我国劳动人民的勤劳与智慧。1987年齐长城被联合国教科文组织列入《世界文化遗产名录》。

齐长城——章丘青石关

153

长清孝堂山石祠——我国现存最早的地面建筑

汉代人崇尚"事死如事生"，从而导致厚葬之风盛行，造就了中国历史上的"大坟时代"。墓室是参考墓主生前的建筑而造，它们是汉代建筑的缩影。

山东长清孝堂山石祠是中国现存最早的石筑石刻房屋建筑。祠内石壁和石梁上遍布精美的线刻图画，具有极高的历史和艺术价值。孝堂山石祠坐北朝南，高2.63米，全部用大青石砌筑而成。建筑形式为单檐悬山顶，面阔两间，进深一间。石祠正面立着三根八棱石柱，将石室分为两间。在中间的八棱石柱和北墙之间，有一个大型三角石梁支撑屋顶。石祠顶铺两面坡大型石板，上面雕刻着仿木结构的房顶瓦垄、勾头、椽头、连檐等图案。在八棱石柱、连檐上，则雕刻着圆钱纹、半弧纹、菱形纹等独具汉代特色的纹饰。同样具有重要价值的是石祠内壁上的众多画像。这些精美的阴纹图画，刻画了自然与社会现象，有人物、禽兽、草木、山川、天地形状，还有反映贵族生活的朝会、出行、迎宾、征战、献俘、狩猎、庖厨、百戏等场面。描绘极为生动，刻工精细，具有很高的艺术水平，是研究汉代社会生活和中国绘画史的珍贵实物资料。

孝堂山石祠

广饶关帝庙大殿——山东最早的木结构建筑

广饶关帝庙大殿位于广饶县城内，始建于南宋建炎二年（1128 年），因而又称"南宋大殿"。该殿坐北朝南，正殿面阔三间，全木结构，东西阔 12.63 米，高 10.38 米，进深 10.70 米，月台高 0.73 米。硬脊、歇山、单檐、雕甍绿瓦，飞檐翘角。其结构形式为六架椽屋乳栿对四椽栿用三柱，用材按宋为六等材。室内四椽栿为彻上明造，原室外乳栿当心间为

藻井，其次为平棋，斗拱重昂五铺作。梁额及铺作斗拱隐见绚丽的宋式彩绘。该殿构造法式，属于北宋《营造法式》"大木作制度"的建筑规范。整座殿宇气势恢宏，雄伟壮观。该庙正殿虽经历代维修，但平面布局、大木构架、斗拱等基本保持了初建的风貌，其结构方式，构件尺度，用材比例等具有明显的宋代建筑特征。该殿是山东省最早也是现存唯一的宋代木构殿堂。

关帝庙大殿

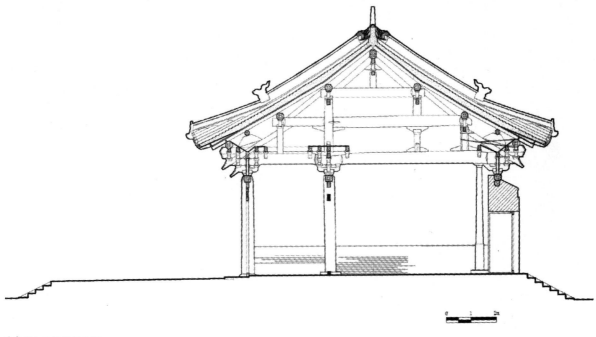

关帝庙大殿明间剖面图

曲阜"三孔"——山东现存地位最崇高、最完整的建筑群落

曲阜孔庙是我国历代祭祀春秋时期思想家、政治家、教育家孔子的庙宇,它是一组具有东方建筑特色、规模宏大、气势雄伟的古代建筑群。公元前478年始建,后历代不断扩建和重修,现存孔庙的规模是在明、清两代完成的。建筑仿皇宫之制,南北长达1000米。四周围以高墙,配以门坊、角楼。黄瓦红垣,雕梁画栋,碑碣如林,古木参天。九进庭院贯穿在一条南北中轴线上,左右作对称排列。整个建筑群包括五殿、一阁、一坛、两庑、两堂、十七座碑亭、五十四门坊,共466间,分别建于金、元、明、清和民国时期。其中的大成殿是孔庙的主殿,高24.8米,阔45.78米,深24.89米,重檐九脊,黄瓦飞薨,周绕回廊,与北京故宫太和殿、泰安岱庙天贶殿并称为"东方三大殿"。

孔府是孔子嫡系长期居住的府第,是中国官衙与内宅合一的典型建筑,有"天下第一家"之称,共有九进院落,有厅、堂、楼、房463间。孔府本名衍圣公府。宋代封孔子为衍圣公,明

洪武十年(1377年)始建。孔府大门为悬山式建筑,匾书"圣府"二字,为明朝严嵩所书。门两侧有对联一副:"与国咸休安富尊荣公府第,同天并老文章道德圣人家",其中"富"字上面少一点,寓"富贵无头","章"字一竖通到上面立字,寓"文章通天",孔府内存有著名的孔府档案和大量文物。

孔林,也称"至圣林",是孔子及其家族的专用墓地,也是目前世界上延时最久、面积最大的家族墓地。孔子卒于鲁哀公十六年(公元前479年),葬在鲁城北泗上,其后代从冢而葬。自汉代以后,历代统治者对孔林重修、增修过13次,形成现在规模,总面积约2平方千米,孔林内古树达万余株,周围林墙5.6千米,墙高3米,厚1米。郭沫若曾说:"这是一个很好的自然博物馆,也是孔氏家族的一部编年史"。

1994年曲阜孔庙、孔林、孔府被联合国列入《世界遗产名录》。

孔庙

陶
楼

汉

通高 55 厘米

禹城双槐冢墓葬出土

山东博物馆藏

/

明器

卵形纹砖

汉

长 32 厘米

灵光殿出土

山东博物馆藏

/

铺地用砖。

几何纹砖

汉

长 38 厘米

灵光殿出土

山东博物馆藏

/

铺地用砖。

树木双兽纹瓦当

汉

直径 20 厘米

临淄齐故城出土

山东省文物考古研究院藏

/

建筑构件，临淄齐故城出土的瓦当全为半瓦当，纹饰多样。

人面纹瓦当

汉

直径 17 厘米

章丘平陵城遗址出土

山东省文物考古研究院藏

/

建筑构件。人面纹饰，为建筑脊瓦的
末端装饰。

山东临清的贡砖生产起始于永乐初年，直到清末停烧，共经历近 500 年的时间。根据历史文献记载和考古发掘表明，明清两代修建皇宫和紫禁城城墙，以及修建皇家陵寝所用的砖，大部分都是由山东临清烧造。因为专为皇家定制，因此也被称为"贡砖"。

明清时期，临清凭借大运河漕运兴盛而迅速崛起，经济发达，文化繁盛，是重要的商贸流通中心、税收中心，加上由河流冲击形成的独特砂土、黏土，为临清烧砖业提供了得天独厚的条件。

2010 年 11 月至 2011 年 5 月，山东省文物考古研究院对临清河隈张庄村展开大规模发掘，清理明清时期烧砖窑址 18 座。研究表明，河隈张庄窑址为明清时期皇家建筑用砖供应地之一，当地百姓俗称"官窑"。

临清贡砖窑址发掘照片

交通

第五单元·舟舆溯古

【舟船】

人类的生活离不开交通，舟车（舆）作为古代交通运载工具，伴随着中国古代科技的发展而不断进步。至迟在商代，我国已经可以制造结构复杂的舟、车了；春秋战国时，舟、车作为战争工具，它们的多寡成为衡量一个诸侯国强弱的重要标志；秦汉时期，舟、车的生产规模和制造技术显著发展，是当时重要的手工业之一。秦汉、唐宋和明朝是中国古代舟船制造的三个高峰发展时期，许多发明和创造都曾雄踞世界前列。山东地区地处中国东部，地理环境优越，陆路、河运、海运交通便利，历史上是经济较为发达地区，经济发展为科技发展提供了保障，山东地区的舟车制造技术与中国最先进的技术同步发展。

舟船　舟船作为中国古代水上交通工具，经历了由独木舟到帆船的几个发展阶段。山东地处黄河下游，东濒大海，很早就留下了舟船遗存。在山东长岛县大黑山岛发现的一段船尾，推定为龙山时期的文化遗存，形制几乎接近于"板船"，彰显了当时先民聪明智慧和舟船制作的科技含量。随着考古工作的开展，山东地区陆续发现了从远古至元明时期的古舟、船。它们被用于捕捞、商贸航运等多种人类活动，不但是研究造船技术史和航运史的重要实物资料，也充分展示了山东古代造船技术的悠久历史和先进水平。

独木舟　关于船的起源，文献记载有"古者观落叶以为舟"，"古人见窥木浮而知为舟"等，意思是指人们受到自然现象中水的浮力启发而制作了舟。一般认为最早的船是独木舟，"刳木为舟，剡木为楫"，形象地描述了独木舟的制作方法。山东最早的独木舟发现于荣成松郭家村毛子沟，距今3800～3000年。1975年山东平度还发现了中国目前出土最早的隋代双体独木舟，两舟横板并联之后，甲板面积扩大了一倍以上，由于船体加宽，加上平底梭形的舟身，提高了稳定性，航行时更加安全。

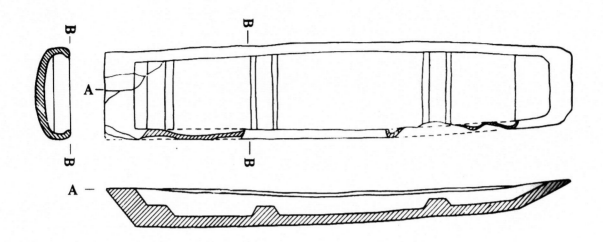

独木舟平、剖面图

山东最早的独木舟，距今3800～3000年。（王永波：《胶东半岛上发现的古代独木舟》，《考古与文物》1987年第5期）

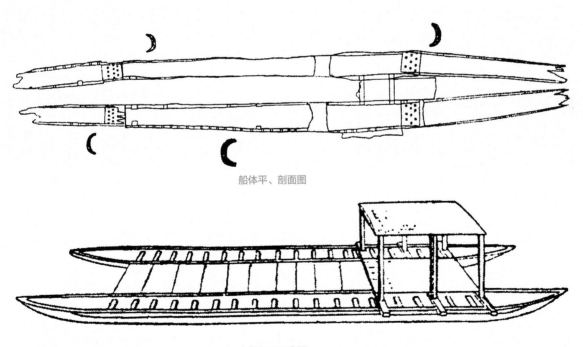

船体平、剖面图

木船复原示意图

山东平度隋代双体独木舟线图

（山东省博物馆，平度县文化馆：《山东平度隋船清理简报》，《考古》1979年第2期）

隋

/

隋代双体独木舟由两条并列的独木舟组成，残长 20.24 米。每条均用 3 段整枫香树木刳制，纵向衔接而成。首尾相齐
的两条独木舟中间隔开一定距离，用近 20 根横梁连成一个整体，上铺多道横向木板，形成舟面甲板，两舟体结合后
宽约 2 ～ 2.82 米。上有三根伏梁，反扣嵌入舟身形成平台，上面架船篷、舱房之类的建筑物。

隋代双体独木舟甲板的宽度等于两条独木舟加上两舟之间距离宽度的总和，既增大船上的使用面积，也增加了船的稳
定性，更利于平稳行驶。

古船属具　　舟船出现以后，具有推进、定向、靠泊等功能的船舶属具渐渐出现。推进工具有桨、篙、橹、帆，定向工具有尾梢、舵等，靠泊工具主要指锭、锚。这些属具的功能并非单一，如橹不仅用于推进也可控制航向，梢既可定向也能推进船的前行。这些船舶属具在汉代时已基本齐全，其中以橹和尾舵最有代表性，技术水平居于世界一流。橹是船舶推进工具中带有突破性的重大发明，橹是连续的、高效的推进器，橹利用水的升力，左右摇动，能产生推力，后来发明的螺旋桨与橹的使用原理基本一样。尾舵是船舶制造史上的三大发明之一，阿拉伯国家直到 10 世纪才开始使用，欧洲则更晚。

渔船线图（济宁两城山出土）

山东汉代画像石上就有许多舟船图像，表现为捕捞场景，上面刻有桨、篙、橹、梢等。

渔船图——橹（枣庄市山亭区出土）

渔船图——船尾、梢（1954 年沂南出土）

渔船线图（山东滕州出土）

竹雕渔船

明

通长 41.7、通宽 9.6、通高 19.9 厘米

山东博物馆藏

/

采用圆雕、透雕、浮雕的技法雕琢一捕鱼归来的渔船，生活气息浓厚。

船中、船尾雕有拱形船舱和船篷，船外侧雕有双篙，中后有一船舵。

水密隔舱　　在山东地区出土的元明古船的结构中，有一项蜚声世界的、中国古代造船技术的伟大发明——水密隔舱。

水密隔舱是指用与船壳紧密连接的横向隔舱板，把船舱分隔成互不相通的若干舱区。这样即使有一两个船舱破损进水，也不会流到其他舱区，船仍然保持相当的浮力，不致沉没，极大地提高了船体的安全性。同时隔舱板也起到加固船体、取代加设肋骨工艺的作用。隔舱也便于货物分舱管理，提高装卸效率，可以说是一举多得。水密隔舱唐代时已发明，宋元时期我国的船舶已经普及。直到 1795 年，英国的本瑟姆考察了中国的船舶结构，对欧洲的造船工艺进行了改进，引进了中国的水密隔舱结构，逐渐被欧洲和世界各地的造船工艺所吸取。水密隔舱至今仍是船舶设计中重要的结构形式，是中国对世界造船技术的重大贡献。

梁山古船　　山东梁山古船建造于明洪武时期，是一艘有武装护航的运粮漕船，也是我国出土的内河航运船中保存较为完整的一例。古船全长 21.8 米，质地为南松木，船身俯视呈柳叶形。船设二桅二帆。梁山古船结构设计科学合理，由尾至首设 12 道横向水密舱壁，使船底龙骨板、船底板、舷侧外板、甲板板等构成统一的整体，有力地增加了船体的刚度和强度；船体外板端接头连接形式多样化；并有带流水槽的舱口承梁和舱口盖板，可以防止雨水的浸湿。12 道横舱壁形成 13 个水密隔舱，第 10、11 舱为居住舱，上部有一个舱棚，高出甲板约 1 米，余均为货舱。

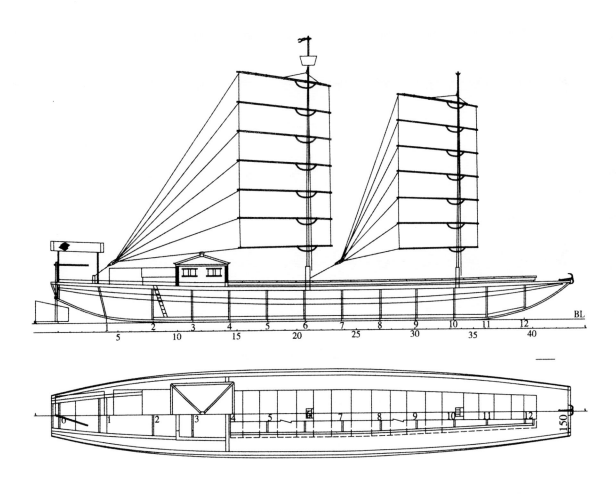

梁山古船总布置图

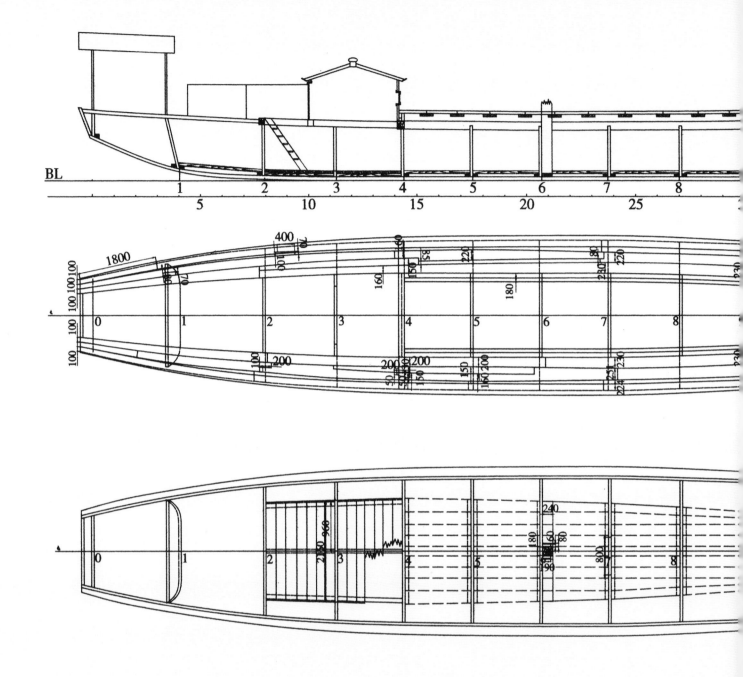

梁山古船基本结构图

（席龙飞：《中国古代造船史》，武汉大学出版社，2015 年）

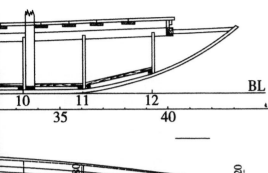

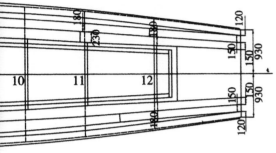

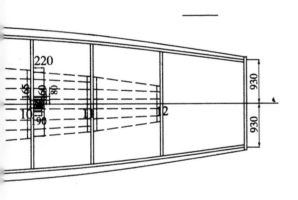

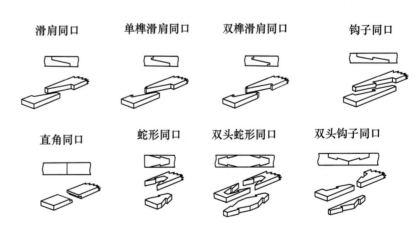

滑肩同口	单榫滑肩同口	双榫滑肩同口	钩子同口

直角同口	蛇形同口	双头蛇形同口	双头钩子同口

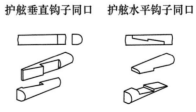

护舷垂直钩子同口　　护舷水平钩子同口

外板和护舷材的连接工艺点图

中国是世界上较早使用车的国家之一，后人将奚仲视为中国造车鼻祖，奚仲今山东省滕州人，是夏代的"车正"，专门管理车辆。在山东地区考古发掘中，出土了众多商周至战国时期的车马坑，春秋时齐国在鼎盛时战车曾达八千乘，一次战争就投入数千乘，号称"万乘之国"。著名的《考工记》也是春秋末年齐人撰写，书中对制车规制有详细的描述。汉代山东地区马车实物资料也非常丰富，如章丘洛庄、曲阜九龙山、长清双乳山等王墓出土的各类车饰构件。文献记载和考古发现都证明山东地区有着高超的制车水平和优良的制车传统。

古车构造

古车的构造主要分三大部分。一是载人部分，舆（车箱），包括伞、盖等；二是运转部分，轮、轴、毂等；三是系驾部分，辕（辀）、衡、轭等。

据《考工记》记载，古人造车设轮、舆、辀三个工种，均有严格的技术标准和科学的制作方法。轮子要求战车、田车和乘车用不同的尺寸，毂、辐、牙用三种不同的木材。舆要求盖斗隆起要高，盖外缘要低；辀则根据马的优劣和高度设三种深浅不同的弧度，国马深四尺七寸，田马深四尺，驽马深三尺三寸，这样科学标准化的制作提高了古车加工质量和速度。

山东嘉祥洪山汉画像石的制轮图

独辀双辕　古车根据车辕的不同分为独辀车和双辕车。

　　独辀车，即单根辕的车，车辕出自车箱底部中间，通常需两匹马来驾辕，也有四马，甚至更多。文献记载夏王启指挥的甘之战已出现独辀车，两周时期最为盛行，延续了近两千年。双辕车是中国车辆制造史上一次形制的革新，仅需一匹马驾辕，节省了马力，车体运行更加平稳、舒适，也简化了马车的系驾方式，更易于驾驭。双辕车，最早出现于战国，汉代晚期盛行，分曲辕和直辕两种。

轮缤（bǐng）　轮缤又称轮箅（bēi），是古车制作车轮时一种安装车辐的方法，将装入轮圈和毂内的车辐两端做成偏榫，这样车辐安装好后均向内偏斜，形成内倾分力，轮子不易外脱，从外侧看，整个轮子形成一种中部凹的浅盆状。《考工记》中载有"轮箅则车行不掉"，当道路不平时，纵使车身向外倾斜，由于轮箅所起调节作用，车子也不易翻倒。这种方法制作难度非常大，是一种符合力学原理的装置方法，在中国古代独辀车上已经得到科学运用。

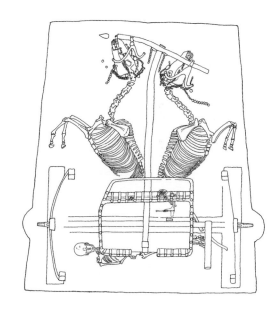

独辀车　山东腾州前掌大商代墓地 4 号车马坑线图

（中国社会科学院考古研究所山东工作队：《山东滕州前掌大商代墓地 1998 年发掘简报》，《考古》2000 年第 7 期）

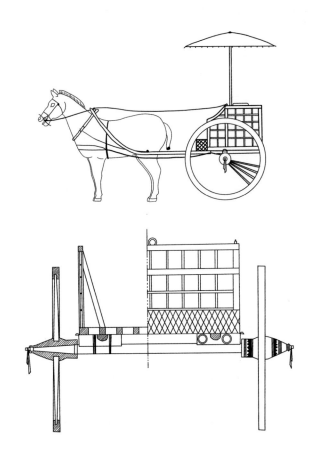

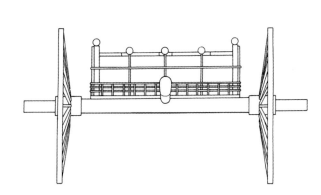

双辕车　双乳山汉墓一号车复原示意图

（崔大庸：《双乳山一号汉墓一号马车的复原与研究》，《考古》1997 年第 3 期）

轮缤结构图

（孙机：《中国古舆服论丛》，文物出版社，2001 年）

系驾之法

系驾之法基本上有三种，包含了许多力学原理，科技含量很高。

独辀车采用"轭靷（yìn）式系驾法"，古人根据马的高度，采用大车轮，将两靷（皮带）系在车箱前环和两匹马轭的内鞧上，这样皮带连线几乎接近于水平，减少了马牵引车前进时的无效分力，集中向前力量，这是中国独有的发明创造。

独辀车四马驾车采用"六辔系法"，两侧的骖马与相邻服马外侧的衔环系在一起，骖马各一辔，服马各二辔，共计六辔，称驷马六辔系法，这种系驾方法非常科学合理，在古代独树一帜，山东地区车马坑中也出土有驷马独辀车。

双辕车"胸带式系驾法"，两靷连成一整条绕过马胸的带子，马曳车时受力点由颈部和胸部分别承担，减轻马体局部受力，这种先进车驾方式始于汉，欧洲直到公元 8 世纪才出现。宋至元初的"鞍套式系驾法"免除木轭对马造成的磨伤，放平车辕，利用马适于承力的肩胛两侧，增强了马拉车的力量和行车稳定。

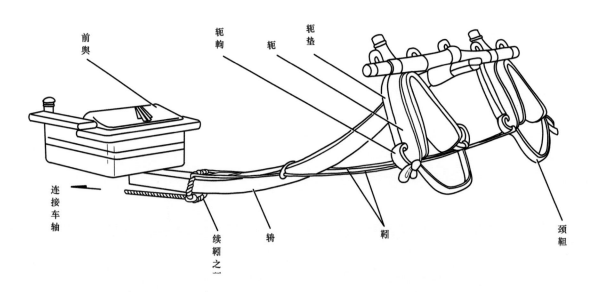

独辀车轭靷式系驾法示意图

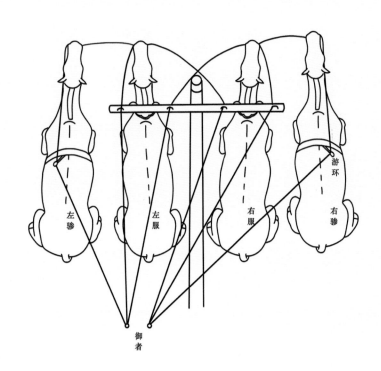

独辀车驷马六辔系法示意图

（孙机：《中国古舆服论丛》，文物出版社，2001 年）

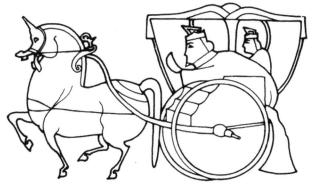

1 东汉武氏祠画像石

2 东汉沂南画像石

3 东汉肥城画像石

4 东汉武氏祠画像石

5 东汉末——三国初辽阳棒台子屯壁画

6 西魏大统十七年石造像

7 莫高窟 156 窟晚唐壁画

双辕车胸带式系驾法向鞍套式系驾法过渡图

（孙机：《中国古舆服论丛》，文物出版社，2001 年）

中外系驾比较 西方古车采用"颈带式系驾法"，用颈带将马脖子固定在衡上。由于颈带位置恰在马的气管部位，曳车时马的气管容易受到颈带压迫，跑得愈快，呼吸愈困难，马的力量受到极大限制。而中国独辀战车是在每匹马颈轭脚下系颈靼，并不用它来曳车，只是为了防止轭的脱落，因而受力不大，不会影响到跑马的呼吸。这是古代西方没有中国那种可用于近距离格斗战车的一个原因。

	轭靼式系驾法	胸带式系驾法	鞍套式系驾法
中国	1. 始皇陵 2 号铜车（示意图，前 3 世纪）	2. 河南禹县空心砖（前 1 世纪）	3. 西安段继荣墓陶车（1265 年）
西方	颈带式系驾法 4. 罗马帝国时代浮雕（1 世纪）	5. 后期罗马车（8 世纪）	6. 欧洲中世纪的二轮车（1250～1254 年）

中国与西方古车系驾法的比较图（孙机：《中国古典服论丛》，文物出版社，2001 年）

鎏金虎头铜辕饰

西汉

长 17、高 11.1、最宽 14、尾宽 10 厘米

曲阜九龙山汉墓出土

山东博物馆藏

/

通体鎏金。圆眼凸目，张口露齿，四颗獠牙，鼻孔上翻，

后有弯曲的兽耳，另一端中空以纳辕首。

鎏金兽面铜轴饰

西汉

高 6.4、宽 12.3 厘米

曲阜九龙山汉墓出土

山东博物馆藏

/

立耳，圆眼张目、狮鼻、阔嘴，左右獠牙外翻。

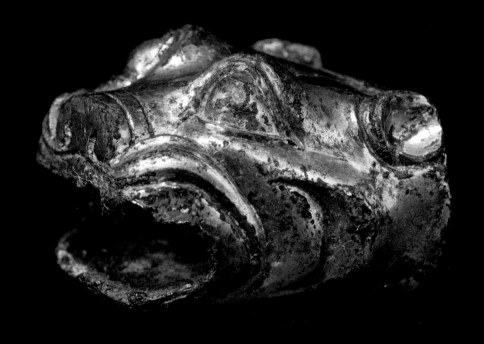

鎏金虎头铜车饰

西汉

长 5.2、宽 5.2 厘米

曲阜九龙山汉墓出土

山东博物馆藏

/

圆目，竖耳、拱鼻、阔口，前后贯通。

额部装饰一环组。轭是挽车用马具，驾车时套在牲口脖子上，轭角是轭的装饰加固物。

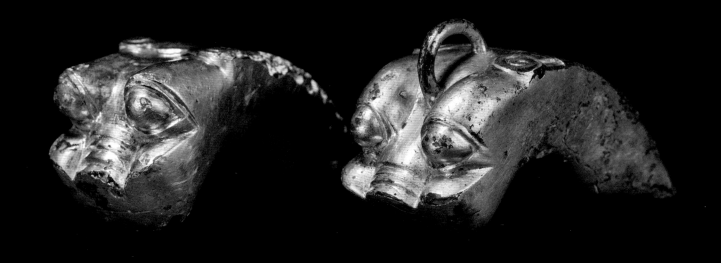

鎏金铜轭角

西汉

长 9.35、宽 4.1 厘米

曲阜九龙山汉墓出土

山东博物馆藏

/

2 件，形制基本相同。弧形，兽头，双眼外凸，后端为双角形，中空，背部饰云纹，其中一件额部装饰一环组。轭是挽车用马具，驾车时套在牲口脖子上，轭角是轭的装饰加固物。

鎏金双螭铜车輢（yǐ）

西汉

高 11.5、宽 11.2 厘米

曲阜九龙山汉墓出土

山东博物馆藏

/

2 件，形制基本相同。车輢半环形，上部缠绕着左右对称两条螭龙。

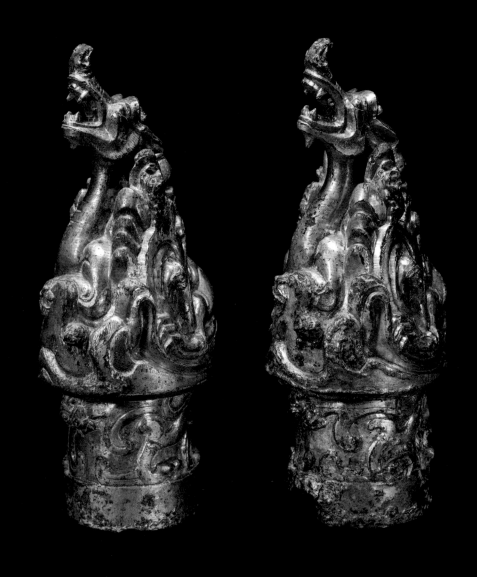

鎏金龙形铜车饰

西汉

高 13.6、口外径 4.1 厘米

曲阜九龙山汉墓出土

山东博物馆藏

/

2件，形制相同。车饰为盘龙造型，龙
昂首张口，露出尖利牙齿，生动威猛。

鎏金铜车饰

西汉

长 15.7、口外直径 4.3 厘米

曲阜九龙山汉墓出土

山东博物馆藏

/

2 件，形制相同。筒形，车饰顶部纹饰由中间
一条盘龙及四个云纹组成，车饰上部有一龙首，
张口瞪目。

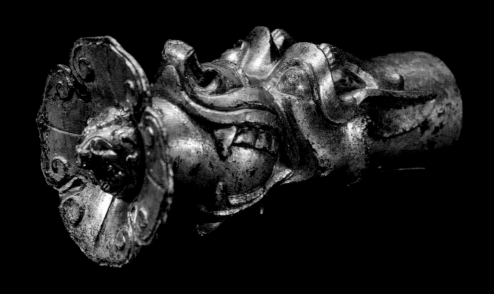

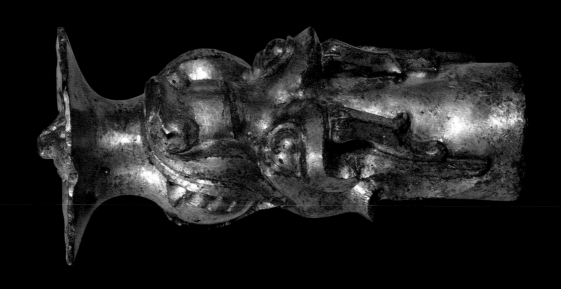

鎏金铜车饰

西汉

长 15.7、口外直径 4.3 厘米

曲阜九龙山汉墓出土

山东博物馆藏

鎏金銅衡末

西汉

长 8.1、口直径 4.3 厘米

曲阜九龙山汉墓出土

山东博物馆藏

/

2 件，形制相同。顶部为对称
四个云纹，器身周圈饰两首两
尾相对的双龙。

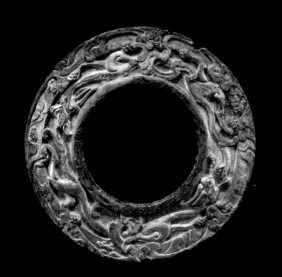

鎏金环形铜车饰

西汉

外径 13.2、内径 7 厘米

曲阜九龙山汉墓出土

山东博物馆藏

/

环上饰前后追逐、首尾相接的
两条蟠螭龙纹。

189

鎏金铜盖弓帽

西汉

长 14.2、面径 4.1、管径 1.8 厘米

曲阜九龙山汉墓出土

山东博物馆藏

/

4 件，形制相同。帽顶部为四个对称云纹组合，
帽身饰一龙首，中下部有一帽钩。

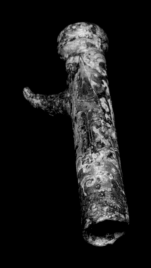

错金铜盖弓帽

西汉

长 6.8、管外径 1.3 厘米

曲阜九龙山汉墓出土

山东博物馆藏

/

6 件，形制相同。饰错金云纹、几何纹
等纹饰，帽上部有一钩。

错金镶绿松石铜环

西汉

小环外径 4.85、内径 3.1 厘米

大环外径 5.3、内径 3.6 厘米

曲阜九龙山汉墓出土

山东博物馆藏

/

8 件。环上皆饰错金勾连云纹，其中有
四件镶嵌绿松石、玛瑙。

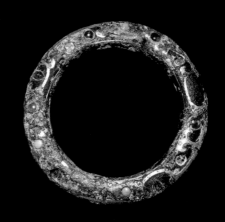

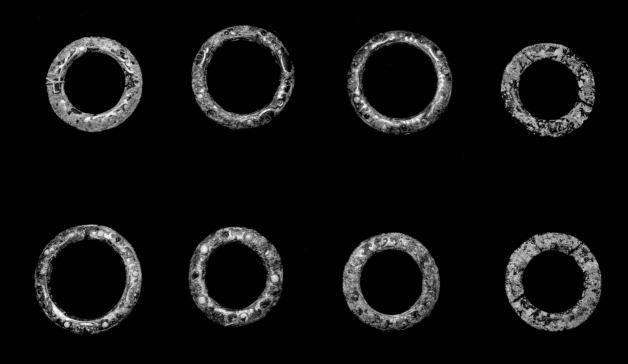

错金镶绿松石铜环

西汉

小环外径 4.85、内径 3.1 厘米

大环外径 5.3、内径 3.6 厘米

曲阜九龙山汉墓出土

山东博物馆藏

错金铜车䡃（wèi）

西汉

高 6、面外径 7.1、管直径 4.1 厘米

曲阜九龙山汉墓出土

山东博物馆藏

/

2 件，形制相同。䡃表面饰错金银云气纹。一般安装在车轴两端、露出车轮毂之外的轴头上，一是用于保护轴头，二是插入铜辖（销子）制约和防止车轮外出。

错金铜车轙

西汉

高 5.9、上宽 6.9、底宽 8 厘米

曲阜九龙山汉墓出土

山东博物馆藏

/

2 件。半环形，表面饰错金勾连云纹。

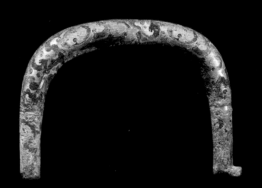

错金铜当卢

西汉

长 27.5、上最宽 5.6、下宽 1.2 厘米

曲阜九龙山汉墓出土

山东博物馆藏

/

表面饰错金勾连云纹，中间形成一条中轴线，
纹饰华美，错金工艺精湛。

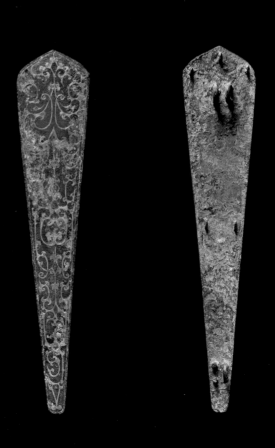

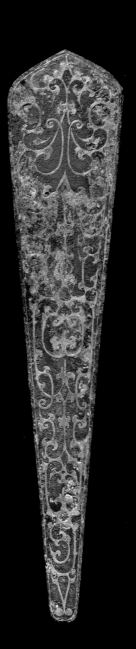

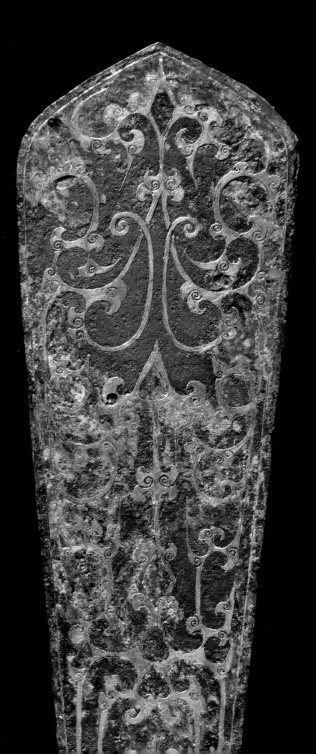

195

错金镶绿松石铜马衔

西汉

长 20.8、环长径 5 厘米

曲阜九龙山汉墓出土

山东博物馆藏

/

马衔两端环上饰错金云气纹，中间小环相扣。

错金镶绿松石铜马镳

西汉

长 22 厘米

曲阜九龙山汉墓出土

山东博物馆藏

/

2 件，分别镳在马衔左右两侧。微弧形，中间有两孔，上饰有错金云气纹，并镶嵌绿松石、玛瑙。

第三部分

山东与四大发明

我国古代科技发达，其中的重要代表就是"四大发明"，即造纸、印刷术、火药和指南针。造纸术的发明淘汰了笨重的竹木简牍，尤其是东汉蔡伦用废旧材料制成的廉价纸张使得知识向平民阶层传播成为可能，为印刷术的出现奠定基础。印刷术将人们从繁重的抄写中解放出来，大大降低了获取知识的门槛，当前世界知识和文化的传播都归功于印刷术的进步。火药应用于军事上，改变了历史发展的进程。明朝火器已经十分发达，发明家创造出几千甚至上万种火器。西方在原始火器基础上不断改进，结束了冷兵器时代。指南针应用于航海，中国强大的舰队——郑和舰队就是依靠指南针一直航行到红海和非洲海岸。指南针传播到西方后，哥伦布的环球航行才成为可能。

左伯纸

蔡伦以后，后人又不断把他的方法加以改进。蔡伦死后大约八十年（东汉末年），山东莱州的造纸能手左伯，改造了蔡侯纸的制作工艺，纸厚薄均匀，质地细密，色泽鲜明。当时人们称这种纸为"左伯纸"。

左伯（生卒年不详），字子邑，东汉东莱人，著名书法家，以善写"八分书"而著名，并且改进了造纸方法，所造纸张质量精美，有"左伯纸"之称。南朝贵族萧子良在答王僧虔信中盛赞："子邑之纸，研妙晖光。"魏明帝建成凌云台，令著名书法家兼制墨名家韦诞题写匾额。韦诞说"夫欲善其事，必利其器。若用张芝笔、左伯纸及臣墨，兼比三具，又得臣手，然后可以逞径丈之势。"在中国造纸史上，左伯是继蔡伦之后有重要贡献的人物。

火枪

　　火药的发明源于炼丹术，山东多方士，最早的炼丹术由此产生。火药发明后，南宋初年军事技术家，密州安立（今山东诸城）人陈规（1072～1141年）发明火枪。这种火枪的枪身是一根长竹管，火药就装在长竹管里，打仗时点燃火药，烧杀敌人。长竹管火枪是世界上最早的管形武器，是兵器发展史中的一项巨大进步。

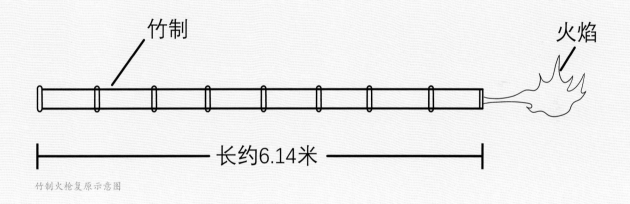

竹制火枪复原示意图

转轮排字盘法

　　元代山东东平人王祯（1271～1368年）对木活字进行了改进，发明了转轮排字盘法，将文字按照音韵组合置于有小隔间的转轮排字盘以方便捡字。木活字成为中国最主要的印刷形式之一，极大推进了印刷术的发展。

指南车

指南车又称司南车，与指南针利用地磁效应不同，它是利用齿轮传动系统来指明方向的一种机械装置。其原理是由车轮的转动来带动齿轮的转动，再由齿轮的转动来带动车上的木人指示方向。不论车子转向何方，木人的手始终指向南方，"车虽回运而手常指南"。

指南车原为三国时期马均制造，但记载过简，制造方法失传，北宋时期山东青州人燕肃（961～1040年）经过多年研究，终于在1027年再次制造成功。

指南车模型

根据《三国志》注引《魏略》和《宋史·舆服志》燕肃所传造法，中国历史博物馆复制。

莲花漏

莲花漏为计时仪器，由燕肃发明。莲花漏由上、下两个水池盛水，上池漏于下池，再由铜乌均匀地注入石壶，石壶上有莲叶盖，一支箭首刻着莲花的浮箭，插入莲叶盖中心。箭为木制，由于水的浮力，便能穿过莲心沿直径上升，箭上有刻度，从刻度上可以看出是什么时刻和什么节气。根据全年每日昼夜的长短微有差异，又把二十四节气制成长短刻度不同的48支浮箭，每一个节气昼夜各更换一支。这种刻漏制作简单，计时准确，设计精巧，易于推广。经过试验之后，宋仁宗于景祐三年(1036年)颁行全国使用。苏轼在《徐州莲花漏铭并序》中说："故龙图阁直学士礼部侍郎燕公肃，以创物之智闻于天下，作莲花漏，世服其精。凡公所临必为之，今州郡往往而在，虽然巧者莫敢损益。"

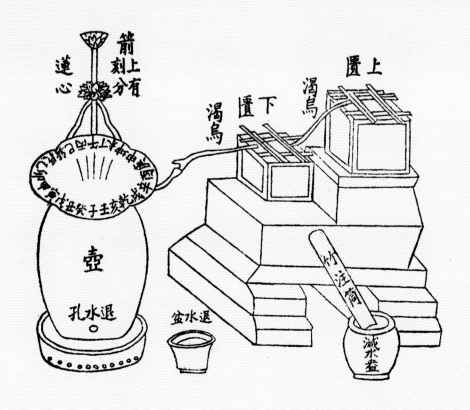

内容编写

天下之本——农学	于秋伟　肖贵田
河渠纵横——水利	于秋伟
天人合一——天文	郭云菁
医者仁心——医学	管东华
制胜之道——兵学	王冬梅
抟土为陶——制陶	井　娟　庄英博
烁石成金——冶炼	庄英博　王冬梅　刘小明
锦绣衣裳——纺织	庄英博
神工意匠——建筑	于秋伟
舟舆溯古——交通	蒋　群

形式设计

王勇军　徐文辰

摄　　影

阮　浩　周　坤

结　语

　　山东古代科技取得了辉煌的成就，散见于各种史籍记载中。我们大家耳熟能详的包括墨子、鲁班、扁鹊，"齐纨鲁缟"，《考工记》《氾胜之书》《齐民要术》等等，不一而足。但是要做一个这样的展览并不容易。一方面是年代的久远，导致实证失传或者语焉不详。第二个是这些发明家或者工匠并不能通史立传，即使有也是寥寥数笔，无法形成整体的脉络。第三个困难来自我们自己。虽然古代历史是我们的学习对象，但是具体到每个门类，对应到今天都有专门的学科进行研究，以我们本身的修养，要完成这样的展览谈何容易。鉴于此，策展组在馆领导带领下，针对各自的门类到相关博物馆和科研机构进行了广泛的考察和座谈，逐步理清了展陈思路，最终完成了展陈大纲。在形式上，我馆陈列部广泛吸收科技馆和数字馆的样式，利用切割和几何纹样形成展览空间，给古代历史陈列赋予现代感，深受观众尤其是青少年的喜爱。

　　本展览因为策展组水平和能力的局限，在很多方面有缺陷，也有很多不足，重要的是缺乏更为深层的挖掘，还需要在合适的时候加以补充和完善。

　　《考工记——山东古代科技展》策展组分工，郑同修馆长总负责，杨波副馆长具体执行，典藏部于秋伟、肖贵田、庄英博、蒋群、王冬梅、管东华、井娟、郭云菁、王绚、刘晓明组成策展组，陈列部王勇军、徐文辰负责形式设计，信息部周坤负责文物及展厅摄影，历时三年完成。是为记。

编　者

2020 年 10 月 16 日